Informationsmanagement mit BIM

Jetzt diesen Titel zusätzlich als E-Book downloaden und 70 % sparen!

Als Käufer dieses Buchtitels haben Sie Anspruch auf ein besonderes Kombi-Angebot: Sie können den Titel zusätzlich zum Ihnen vorliegenden gedruckten Exemplar für nur 30 % des Normalpreises als E-Book beziehen.

Der BESONDERE VORTEIL: Im E-Book recherchieren Sie in Sekundenschnelle die gewünschten Themen und Textpassagen. Denn die E-Book-Variante ist mit einer komfortablen Volltextsuche ausgestattet!

Deshalb: Zögern Sie nicht. Laden Sie sich am besten gleich Ihre persönliche E-Book-Ausgabe dieses Titels herunter.

In 3 einfachen Schritten zum E-Book:

❶ Rufen Sie die Website **www.beuth.de/e-book** auf.

❷ Geben Sie hier Ihren persönlichen, nur einmal verwendbaren E-Book-Code ein:

30218230C60791B

❸ Klicken Sie das „Download-Feld" an und gehen dann weiter zum Warenkorb. Führen Sie den normalen Bestellprozess aus.

Hinweis: Der E-Book-Code wurde individuell für Sie als Erwerber dieses Buches erzeugt und darf nicht an Dritte weitergegeben werden. Mit Zurückziehung dieses Buches wird auch der damit verbundene E-Book-Code für den Download ungültig.

Bildungsmanagement erfolgreich und wirksam umsetzen

Mehr zu diesem Titel

... finden Sie in der Beuth-Mediathek

Zu vielen neuen Publikationen bietet der Beuth Verlag nützliches Zusatzmaterial im Internet an, das Ihnen kostenlos bereitgestellt wird.
Art und Umfang des Zusatzmaterials – seien es Checklisten, Excel-Hilfen, Audiodateien etc. – sind jeweils abgestimmt auf die individuellen Besonderheiten der Primär-Publikationen.

Für den erstmaligen Zugriff auf die Beuth-Mediathek müssen Sie sich einmalig kostenlos registrieren. Zum Freischalten des Zusatzmaterials für diese Publikation gehen Sie bitte ins Internet unter

www.beuth-mediathek.de

und geben Sie den folgenden **Media-Code** in das Feld „Media-Code eingeben und registrieren" ein:

M302189856

Sie erhalten Ihren Nutzernamen und das Passwort per E-Mail und können damit nach dem Log-in über „Meine Inhalte" auf alle für Sie freigeschalteten Zusatzmaterialien zugreifen.

Der Media-Code muss nur bei der ersten Freischaltung der Publikation eingegeben werden. Jeder weitere Zugriff erfolgt über das Log-In.

Wir freuen uns auf Ihren Besuch in der Beuth-Mediathek.

Ihr Beuth Verlag

Hinweis: Der Media-Code wurde individuell für Sie als Erwerber dieser Publikation erzeugt und darf nicht an Dritte weitergegeben werden. Mit Zurückziehung dieses Buches wird auch der damit verbundene Media-Code ungültig.

Informationsmanagement mit BIM

Volker Krieger

Informationsmanagement mit BIM

Kommentar zu DIN EN ISO 19650

1. Auflage 2023

Herausgeber:
DIN Deutsches Institut für Normung e. V.

Beuth Verlag GmbH · Berlin · Wien · Zürich

Herausgeber: DIN Deutsches Institut für Normung e. V.

Berlin · Wien · Zürich
Am DIN-Platz
Burggrafenstraße 6
10787 Berlin

Telefon: +49 30 58885700-00
Internet: www.beuth.de
E-Mail: kundenservice@beuth.de

Covergestaltung: André Ringel, Berlin

Titelbild: © lena_serditova, Nutzung unter Lizenz von stock.adobe.com

Satz: Beuth Verlag GmbH, Berlin

Druck: Drukarnia Skleniarz, Kraków

Gedruckt auf säurefreiem, alterungsbeständigem Papier nach DIN EN ISO 9706

ISBN 978-3-410-30218-6
ISBN (E-Book) 978-3-410-30219-3

Vorwort (Übersetzung)

Die digitale Transformation bei den Geschäftsprozessen im Bausektor verbessert die Effizienz von Unternehmen, die in den Bereichen Asset-Management, sowie Planen, Bauen, Betreiben, Konstruktion und Instandhaltung von Gebäuden und Gebäudeinfrastruktur tätig sind. Sie führt dann zum Erfolg, wenn Aufgabenteams von Assets oder Projekten unter Verwendung von aufeinander abgestimmten Informationsmanagementprozessen und -aktivitäten und auf der Grundlage weithin anerkannter Konzepte und Grundsätze effektiv zusammenarbeiten. Diese Konzepte und Grundsätze sind in der Internationalen Norm ISO 19650 beschrieben, die von 2014 an über 4 Jahre erarbeitet und schließlich im Jahr 2018 veröffentlicht wurde.

Die ISO 19650-Normenreihe hat ihren Ursprung teilweise in britischen Standards. So finden sich viele der in ISO 19650-1 enthaltenen Konzepte und Grundsätze in den britischen Originaldokumenten wieder. Aber auch die an der Erarbeitung der Norm im ISO-Arbeitsgremium beteiligten Länder haben wertvolle Beiträge eingebracht. Diese Beiträge haben zur Weiterentwicklung der ursprünglichen Ideen beigetragen und der ISO 19650-Normenreihe im Ergebnis höhere Bedeutung verliehen. Durch diese internationale Zusammenarbeit wird deutlich, dass eine einzelne Nation internationale Themen wie „Informationsmanagement mit BIM" allein nicht bewältigen kann.

Internationale Zusammenarbeit ist für die Erarbeitung von Normen nicht nur ein entscheidender Vorteil, sie ist auch eine große Herausforderung. Diese liegt zunächst darin, den Text in andere Sprachen zu übersetzen, damit Praktiker in anderen Ländern schnell und einfach Zugang zu den Inhalten haben. Außerdem muss sich der Text in nationalem Kontext erschließen, damit er auf nationaler Ebene umgesetzt und Teil der „Normalität" werden kann.

CEN hat Leitfäden zu ISO 19650 auf europäischer Ebene veröffentlicht, jedoch werden Konzepte und Ideen darin nur sehr allgemein beschrieben. Deshalb sind nationale Kommentare zur ISO 19650-Normenreihe dringend notwendig, und deshalb ist dieser deutschsprachige Kommentar zu ISO 19650 ein willkommener Beitrag. Zu meiner Freude wurde der Kommentar von Dr. Volker Krieger erstellt, der von Beginn an in der ISO-Arbeitsgruppe mitgearbeitet und die Erarbeitung der ISO 19650 entscheidend vorangebracht hat.

Diese Publikation soll in Deutschland weiteres Wissen über die ISO 19650- Normenreihe vermitteln. Sie soll den Bausektor auf seinem Weg zum digitalen Arbeiten unterstützen, und ihm durch verbesserte Qualität und Produktivität weiteren Nutzen bringen.

David Churcher MBE

Director, Hitherwood Consulting

Britischer Experte in der ISO 19650-Arbeitsgruppe (ISO TC 59/SC 13/WG 13), Autor von ISO 19650-1 und ISO 19650-3

Juli 2023.

Foreword

Digital transformation of the built environment sector is helping improve the performance of all organisations involved in ownership, operation, design, construction and maintenance of buildings and civil engineering infrastructure. To do this successfully means that project and asset teams needs to work together using a consistent set of information management processes and activities which are based on widely agreed concepts and principles. These are set out in the ISO 19650 international standards which started to be developed in 2014 and published since 2018.

The ISO 19650 standards were based on original texts published in UK as national standards. Many of the concepts and principles described in ISO 19650 Part 1 are recognisable from the original UK documents. But there were valuable contributions from the countries participating in the ISO working group. These contributions helped develop and extend the original ideas, and have made the ISO 19650 standards more robust and relevant as a result. This international collaboration is proof that no single nation has all the answers to such international topics as "information management using BIM".

However, while international collaboration is a significant advantage in developing standards, it also presents a significant challenge. The first part of this challenge is to translate the text into different languages so that practitioners in different countries can access the ideas quickly and easily. The second part of the challenge is to explain the text in the context of national industry customs and working practices so that it can be implemented at the national level and become part of "business as usual".

While there are guidelines to ISO 19650 that have been published at the European level, by CEN, these can only describe concepts and ideas in a general way. This is why national commentaries on the ISO 19650 standards are needed, and why this German-language commentary on ISO 19650 is so welcome. I am delighted that it has been prepared by Dr Volker Krieger, who has been involved in the ISO working group since its very beginning, and who has been one of the most positive contributors to the development of ISO 19650.

This document should significantly accelerate the level of understanding in Germany of the ISO 19650 standards. This should improve the ability of the German built environment sector to transition to digital ways of working and then to benefit from the improvements in quality and productivity that can be achieved.

David Churcher MBE

Director, Hitherwood Consulting

UK expert to ISO 19650 working group (ISO TC 59/SC 13/WG 13), author of ISO 19650 Part 1 and author of ISO 19650 Part 3

July 2023.

Inhaltsverzeichnis

Einführung

DIN EN ISO 19650 ist die grundlegende Normenreihe *(engl. framework)* für Building Information Modelling (BIM). Die Reihe beschreibt – wie der Titel im Original etwas umständlich aussagt – „Organisation und Digitalisierung von Informationen zu Bauwerken und Ingenieurleistungen". Die Normenreihe umfasst die gesamte Wertschöpfungskette des Planens, Bauens und Betreibens und betrachtet den gesamten Lebenszyklus eines Assets. Der Begriff „Asset" wird hier und in der Normenreihe synonym verwendet für „baulichen Vermögensgegenstand".

Der Begriff Asset schließt so immer auch die virtuellen Versionen desselben ein. Es sei erinnert an ein Zitat von einem der Urväter von BIM – Finith Jernigan: „The information about your asset is more valuable than the asset itself"[1]. Warum dies so ist, wie über das Informationsmanagement alles miteinander zusammenhängt und wie ein solches gut umgesetzt werden kann, das soll dieser Kommentar verständlich machen.

Die normativen Dokumente von DIN EN ISO 19650 (alle Teile) sind aus regulativen Gründen sehr stringent verfasst. Sie sind wegen des internationalen Konsenses eher allgemein und abstrakt gehalten und deshalb manchmal schwer verständlich. Um sie verständlich und umsetzbar zu gestalten, entstehen derzeit ergänzende Normen und Schriftsätze im Bereich der europäischen Normierung zu BIM (siehe Kapitel 5). Für den deutschsprachigen Raum ist dieser Kommentar ein Teil dieser Bemühungen. In diesem Dokument soll sowohl das Verständnis für abstrakte Beschreibungen in den Regelwerken geweckt als auch erste Hilfsmittel zur Umsetzung gegeben werden.

Historische Entwicklung

Seit Jahrzehnten sinkt die Produktivität im Bauwesen nachweislich. In der Digitalisierung bildete der Wirtschaftssektor Bau das Schlusslicht[2]. Die wirtschaftliche Rezession im Vereinigten Königreich unter der Ägide von Margaret Thatcher hat es damals notwendig gemacht, nach den Ursachen der mangelnden Produktivität zu forschen. Zwei inzwischen ikonische Untersuchungen[3] haben 1994 und 1998 die (gleiche) Ursache gefunden: Es ist ganz überwiegend fehlendes oder sehr mangelhaftes Informationsmanagement. Diese Erkenntnis ist leider auch heute noch leicht nachzuvollziehen, man sehe sich z. B. nur einen Planlauf zwischen Ingenieurbüro und Baustelle an.

Eine erste Konsequenz aus dieser Erkenntnis war die Notwendigkeit für ein nicht-proprietäres Datenaustauschformat. Das war die Geburtsstunde der „Industry Foundation Classes (IFC)" – inzwischen alle fünf Jahre per ISO 16739 auf den neuesten Stand gebracht. Es ist der objektorientierten Struktur des IFC-Schemas zu verdanken, dass das „M" in BIM

1 „BIG BIM – little bim", Finith Jernigan 2007 – deutsche Übersetzung durch den Autor dieses Kommentars als Sonderausgabe, 2013.

2 „Digitalisierung der Wirtschaft in Deutschland", BMWi 2020.

3 Latham, M. (1994), Constructing the Team, London: HMSO. ISBN 978-0-11-752994-6; Egan, J. (1998) Rethinking Construction: Report of the Construction Task Force, London: HMSO. (constructingexcellence.org.uk/rethinking-construction-the-egan-report)

für „Building Information Modelling (BIM)“ steht – anstatt wie auch oft angemerkt für „Management“.

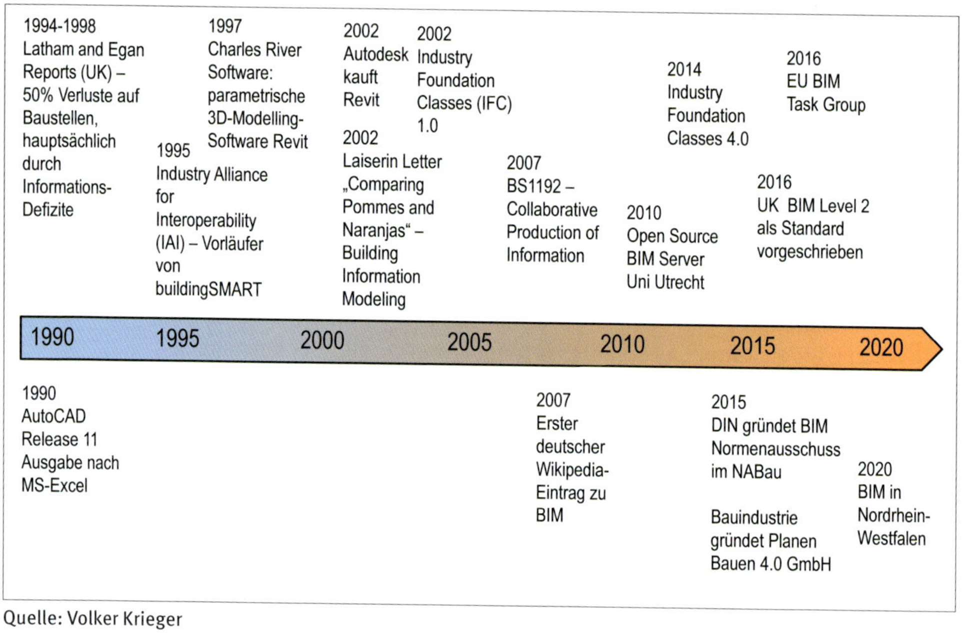

1994-1998
Latham and Egan Reports (UK) – 50% Verluste auf Baustellen, hauptsächlich durch Informations-Defizite

1995
Industry Alliance for Interoperability (IAI) – Vorläufer von buildingSMART

1997
Charles River Software: parametrische 3D-Modelling-Software Revit

2002
Autodesk kauft Revit

2002
Industry Foundation Classes (IFC) 1.0

2002
Laiserin Letter „Comparing Pommes and Naranjas“ – Building Information Modeling

2007
BS1192 – Collaborative Production of Information

2010
Open Source BIM Server Uni Utrecht

2014
Industry Foundation Classes 4.0

2016
EU BIM Task Group

2016
UK BIM Level 2 als Standard vorgeschrieben

1990 1995 2000 2005 2010 2015 2020

1990
AutoCAD Release 11 Ausgabe nach MS-Excel

2007
Erster deutscher Wikipedia-Eintrag zu BIM

2015
DIN gründet BIM Normenausschuss im NABau

Bauindustrie gründet Planen Bauen 4.0 GmbH

2020
BIM in Nordrhein-Westfalen

Quelle: Volker Krieger

Bild 1: Die Zeitachse der BIM-Entwicklung (CC-BY-NC-SA 3.0)

2007 kamen zur Rezessionsbekämpfung mit der UK PAS 1192 Reihe die ersten britischen Spezifikation zu BIM heraus. Sie wurden und werden noch heute als „Public Available Specification (PAS)“ kostenfrei herausgegeben und sollten den nationalen Bausektor aus der Talsohle der Produktivität führen. Um damit auch den internationalen Markt zu erreichen, initiierte der British Standard eine ISO-Initiative. Im Juni 2014 fand die Gründungssitzung der Workgroup 13 zur neuen ISO 19650 in London statt. Der übergeordnete Ausschuss, das Subcommittee 13 im Technical Committee 59 der ISO, wurde im Oktober 2014 zum „Home of BIM“ der ISO erklärt. Das Spiegelgremium im CEN, der CEN/TC442 als „Home of BIM in CEN“, nahm 2016 mit anfangs vier Workgroups seine Arbeit auf. Am 1. April 2015 wurde der erste DIN-Arbeitskreis als Spiegel-Komitee zur ISO WG13 und CEN WG3 gegründet. Inzwischen ist dieser zum Arbeitsausschuss 03AA mutiert und betreut die ISO-19650-Serie ganzheitlich.

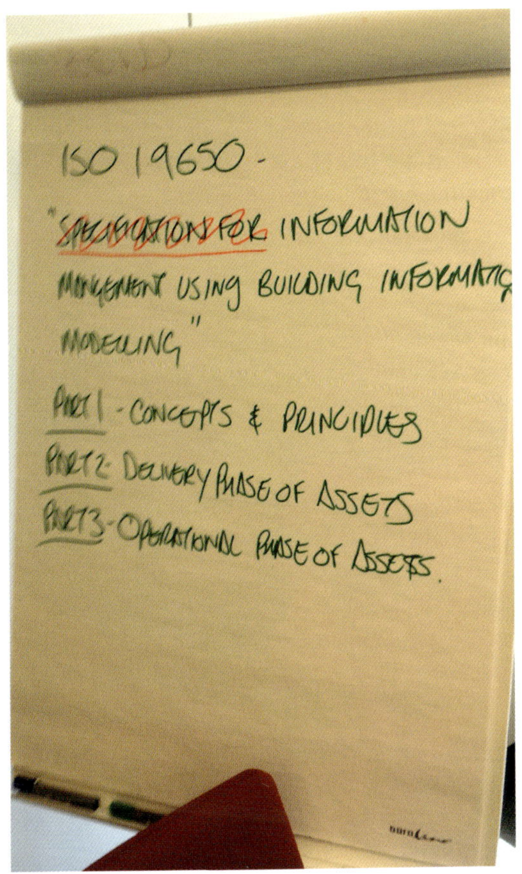

Quelle: Volker Krieger

Bild 2: Vorschläge für den Titel der ISO 19650 am 20. April 2016 in London (Foto im Besitz des Autors – CC-BY-NC-SA 3.0)

Dass eine Erschließung des internationalen „BIM"-Markts nicht mit der bloßen Übertragung der englischen PAS-Originale ins ISO-Format zu erledigen war, stellte sich erst im Verlauf der gemeinsamen Arbeit heraus. Als durch Abstimmung im CEN gemäß der Wiener Vereinbarung[4] im Jahre 2017 beschlossen wurde, dass die ISO 19650 zur EN ISO 19650 wurde, erhöhte sich verständlicherweise die Teilnahme der europäischen Kolleginnen und Kollegen schlagartig. Gleichzeitig wurden mehr Forderungen an Inhalt und Form der Norm gestellt. Das Ergebnis, das innerhalb des von der ISO gesetzten Zeitrahmens erzielt werden musste, ist damit zwangsläufig ein Kompromiss. Alle Teile der ISO 19650 sind und bleiben ein hart umkämpfter, internationaler Kompromiss. Aber sie sind auch der Beweis dafür, dass es mit viel Expertise und Motivation möglich ist, etwas sinnvolles Neues zu schaffen. Welcher Wirtschaftssektor hat schon eine Normenreihe zu seiner Digitalisierung? Die Reihe EN ISO 19650 dient zur Befähigung des Marktes, und als EN insbesondere des europäi-

4 Die Wiener Vereinbarung (Vienna Agreement) ist eine zwischen ISO und CEN getroffene Vereinbarung zur Vermeidung doppelter Normenarbeit. Stattdessen werden Spiegelgremien eingerichtet und per gegenseitiger Abstimmung die Anerkennung und Übernahme von Normen und Normentwürfen vereinbart.

schen Marktes. Um den deutschen Markt zu befähigen, bedarf es mehr als nur der bloßen Übersetzung des englischen Originals. Dieser Kommentar soll etwas zu diesem „Mehr“ beitragen.

Aufgrund des Prinzips des gemeinsamen Marktes in der EU und der damit verbundenen angestrebten Harmonie fällt das nationale Vorwort der DIN EN ISO 19650:2019 Teil 1 sehr kurz aus. Es enthält im Wesentlichen zwei wichtige Anmerkungen ...

– zum Paradigmenwechsel durch BIM und zu der damit verbundenen Notwendigkeit, sich mit einigen Begrifflichkeiten intensiv auseinanderzusetzen.

> Diese Norm entwickelt die Begrifflichkeit im Themenbereich BIM weiter. Hierdurch entstehen neue Begriffe und Abkürzungen. Dem Anwender der Norm wird empfohlen, sich mit den Begrifflichkeiten dieser Norm auseinanderzusetzen.

– zum Begriff „Asset“ gibt es im Deutschen keine gute Übersetzung. So wird in der gesamten DIN „Asset“ statt dem Wortungetüm „baulicher Vermögensgegenstand“ benutzt.

> In dieser Norm wird der englische Begriff „Asset“ im Sinne eines „baulichen Vermögensgegenstandes“ durchgehend benutzt. Dies dient der Lesbarkeit und Beibehaltung des inhaltlichen Bezugs zur englischen Sprachfassung.

Aufgrund des Prinzips der Wiener Vereinbarung fällt auch das europäische Vorwort der vorgelagerten EN ISO 19650:2018 denkbar kurz aus. Wichtig sind hier die zwei Sätze zum Status und zur Bedeutung dieser Norm im Wirkungskreis des CEN. Sie besagen, dass aus der ISO 19650 nationale verbindliche Regeln geworden sind.

> Diese europäische Norm muss den Status einer nationalen Norm erhalten, entweder durch Veröffentlichung eines identischen Textes oder durch Anerkennung bis Juni 2019, und etwaige entgegenstehende nationale Normen müssen bis Juni 2019 zurückgezogen werden.
>
> Entsprechend der CEN-CENELEC-Geschäftsordnung sind die nationalen Normungsinstitute der folgenden Länder gehalten, diese Europäische Norm zu übernehmen: Belgien, Bulgarien, Dänemark, Deutschland, die ehemalige jugoslawische Republik Mazedonien, Estland, Finnland, Frankreich, Griechenland, Irland, Island, Italien, Kroatien, Lettland, Litauen, Luxemburg, Malta, Niederlande, Norwegen, Österreich, Polen, Portugal, Rumänien, Schweden, Schweiz, Serbien, Slowakei, Slowenien, Spanien, Tschechische Republik, Türkei, Ungarn, Vereinigtes Königreich und Zypern.

Gegenwärtige nationale Begleiter der DIN EN ISO 19650

Im nationalen Umfeld der DIN EN ISO 19650 gibt es gegenwärtig einige wichtige, regelsetzende Begleiter. Das ist zum einen der schon lange in technischen Richtlinien führende Verein Deutscher Ingenieure (VDI) als e.V. und GmbH. Zum anderen hat sich 2019 eine Initiative zu einer BIM-Normungsroadmap unter https://din.one/site/bim organisiert. In beiden Begleitern entwickelt sich das Thema BIM hochdynamisch – was heute gilt, kann morgen schon überholt sein. Im Kontext dieses Kommentars wird versucht, den aktuellen Entwicklungsstand zu erfassen. Der Leser sollte sich allerdings beim oder nach Lesen dieses Kommentars selbst um ein „Update" bemühen.

VDI-Richtlinie 2552 zu BIM

Im deutschen, regelsetzenden Umfeld ist der VDI mit den „BIM"-Richtlinien VDI 2552 am weitesten vorangegangen[5]. In bester Tradition des deutschen Ingenieurwesens hat der VDI die Entwicklung der „BIM"-Methodik frühzeitig antizipiert und sich dabei auf die UK-PAS-1192-Reihe gestützt – eine ISO 19650 war ja gerade erst im Entstehen. Leider hat die parallel einsetzende ISO-CEN-DIN-Normierung die UK PAS 1192 an einigen Stellen entscheidend verändert bzw. sogar später obsolet gemacht. Diese Änderungen sind noch nicht in alle einzelnen Richtlinien der VDI 2552 übernommen worden.[6] Ein entsprechender Kommentar zu dieser Richtlinienreihe ist derzeit in Arbeit[7]. Die gegenwärtig zur Verfügung stehenden Blätter der VDI 2552 helfen vereinzelt zum Verständnis und bei der Umsetzung – sollten allerdings immer auch mit den aktuelleren ISO-, CEN- und DIN-Dokumenten abgeglichen werden. Dabei sind insbesondere auch die anfangs nur in Englisch verfügbaren Vorveröffentlichungen (das sind die jeweiligen DIS Draft International Standards) zu beachten – deren deutsche Version erfolgt manchmal erst nach einem Jahr.

BIM-Normungsroadmap unter din.one

Entsprechend der deutschen Tradition des Föderalismus waren die Anfangsjahre der „BIM"-Entwicklung von großer Diversität und vielen Einzelinteressen geprägt. Durch die Gründung der Planen-Bauen 4.0 GmbH in Berlin 2015 – ziemlich zeitgleich mit der Gründung des ersten „BIM"-Ausschusses im DIN – wurde versucht, diese Vielzahl von Initiativen zu bündeln. Ab dann ist auch die deutsche Stimme im internationalen NGO buildingSMART immer stärker zu hören gewesen. Heute ist der buildingSMART e.V. einer der aktivsten Chapter in buildingSMART International. Es ist also nur logisch, dass sich die einzelnen Aspiranten zusammentun bei der Erarbeitung von BIM-Normen, -Richtlinien und -Spezifikationen. Unter der Federführung des DIN ist auf einer modernen Kollaborations-Plattform eine BIM-Normungsroadmap erarbeitet worden. Die erste Version einer deutschen BIM-Normungsroadmap ist dort abrufbar.[8] Diese BIM-Normungsroadmap zeichnet das Bild des gegenwärtigen Entwicklungsstandes auf und gibt Auskunft über zukünftige, projektierte Entwicklungen. Sie ist im „BIM"-Jargon ein *„living document"*.

5 https://www.vdi.de/richtlinien/unsere-richtlinien-highlights/vdi-2552.

6 Ein deutscher Kommentar zur VDI 2552 (alle Blätter) wird in diesem Verlag erscheinen.

7 Kommentar zur VDI 2552, Hartmann – Spengler, Beuth Verlag.

8 https://din.one

Die Zukunft

Die nahe Zukunft ist sehr konkret ablesbar an den „*Work Items*" der BIM-Normierungsgremien – insbesondere an denen des CEN[9] So wie sich in den letzten Jahren die Anzahl der Workgroups in CEN/TC442 mehr als verdoppelt hat, so vermehren sich auch die „*Work Items*". Es wird in der nächsten Zeit viel Arbeit zu leisten sein und geleistet werden, um den „BIM-Markt" zu befähigen.

Dabei erscheinen neuere Technologien aus dem Umfeld der Digitalisierung und des Informationsmanagements erst am Horizont. Schon jetzt sind praktische Auswirkungen und Umsetzungen im Asset-Lebenszyklus und auf die Wertschöpfung erkennbar.

- „Artificial Intelligence (AI)"[10] in Verknüpfung mit „Machine Learning (ML)" und neuronalen Netzen

  Es ist zu hoffen, dass automatisierte intelligente Helfer dem demografischen Wandel einige Probleme nehmen. Allerdings wird neue, qualifizierte Expertise benötigt. Ein interessantes Merkmal der neuronalen Netze ist z. B. die „Lernkatastrophe" – ein Zusammenbruch der Wissensbasis bei zu viel Informationszufuhr.

- Grafische Datenbanken, Resource Description Framework (RDF) und semantische Netze

  Die nächste Stufe nach dem bisher reinen Listenwesen der (SQL-)Datenbanken und der bisherigen Nutzung von noch nicht zusammenhängenden Datensammlungen ist eine übergreifende und intelligente Vernetzung. Dazu werden Datenbanken benötigt, die alle Datensätze miteinander attributiv verknüpfen. Die Abfragesprache dazu ist mit dem Resource Description Framework (RDF) entwickelt worden und wird von der W3C standardisiert.[11] Damit bekommen ISO und CEN einen mächtigen Partner aus der Welt des Internets. Das Stichwort hier lautet „Smart Standards" oder „Standards of the future".[12] Dahinter verbirgt sich normungspolitisch einige Sprengkraft.

Eine vorstellbare Zukunft auf mittlerer Zeitskala kann eine Akkreditierung und Zertifizierung auf Basis der ISO 19650 sein. Auch dort gibt es derzeit erste europäische Ansätze.[13]

Übungen

Durch praktische Übungen wird der Lerneffekt gestärkt und das Wissen um den Stoff vertieft. Deshalb bietet dieses Dokument am Ende einzelner Abschnitte Übungen zum Selbsttraining oder im Teamwork. Beispielhafte Lösungen werden im Anhang dieses Dokuments angeboten.

---

9 Siehe hierzu auch weiter unten „Normativer Kontext" in Kapitel 1, „Weitere Normierung" in Kapitel 5 und das „*work program*" des CEN TC442 unter https://standards.cen.eu.

10 Auch hier ist die „direkte" deutsche Übersetzung als „künstliche Intelligenz (KI)" schlichtweg falsch. „*intelligence*" ist eher mit „Wissenserfassung und-verarbeitung" zu übersetzen. Das ist schon am Namen der Central Intelligence Agency (CIA) in den USA zu erkennen.

11 https://www.w3.org/community/lbd

12 https://www.din-mitteilungen.de/de/standards-of-the-future-337958

13 Siehe CEN TC442 WG8 „Competence".

1 Anwendungsbereich der DIN EN ISO 19650 (alle Teile)

Der Anwendungsbereich betrachtet im Allgemeinen ...

- Inhalt und Inhaltsumfang der Norm,
- Anwender und Betroffene der Norm,
- Gegenständlichkeiten und Prozesse, die Norm betreffend,
- Besonderheiten.

Eine Normenreihe mit dem Anspruch, den kompletten Lebenszyklus eines Assets und die gesamte Wertschöpfungskette eines Assets zu behandeln, hat einen enorm weiten Anwendungsbereich.

Es sollte inhaltlich klar abgegrenzt sein, was zur Einführung und zum Anwendungsbereich gehört. Im Falle der DIN EN ISO 19650 Teil 1 ist das Kapitel „Einführung“ deutlich umfangreicher als das nachfolgende „erste“ Kapitel „Anwendungsbereich“. Tatsächlich findet sich viel weiter unten – in Kapitel 4 der Norm – eine gute Formulierung zum Anwendungsbereich:

4.2 Informationsmanagement nach ISO 19650

Die Empfehlungen und Anforderungen an das Informationsmanagement in der Normenreihe ISO 19650 beruhen auf der kollaborativen Zusammenarbeit von Informationsbesteller, federführendem Informationsbereitsteller und Informationsbereitsteller. Alle Parteien sollten sich an der Umsetzung der Normenreihe ISO 19650 beteiligen.

Das Informationsmanagement kann als eine Folge von Reifegraden dargestellt werden, die in Bild 1 als Stufen 1, 2 und 3 dargestellt sind. Dieses Bild zeigt, dass die Entwicklung von Standards, Fortschritte in der Technologie und anspruchsvollere Formen des Informationsmanagements zusammengenommen einen zunehmenden geschäftlichen Nutzen bringen. Die Normenreihe ISO 19650 wird hauptsächlich in Stufe 2 angewendet, kann aber auch teilweise in Stufe 1 und 3 angewendet werden.

Stufe 2 wird auch als „BIM nach ISO 19650“ bezeichnet. Hier wird eine Mischung aus manuellen und automatisierten Informationsmanagementprozessen eingesetzt, um ein federiertes Informationsmodell zu generieren. Das Informationsmodell umfasst alle Informationscontainer, die von Aufgabenteams in Bezug auf ein Asset oder ein Projekt bereitgestellt werden.

Auf das in diesem Kapitel erwähnte Bild 1 wird hier weiter unten eingegangen. In diesem Dokument soll der Anwendungsbereich ausführlicher und konsistent behandelt werden. Der Anwendungsbereich der DIN EN ISO 19650 Teil 1 ist gleichzeitig auch der Anwendungsbereich der gesamten Reihe. Die hier vorangestellte Einführung ist eine Hinführung zum tatsächlichen Inhalt.

Als „Rahmennorm“[14] umfasst DIN EN ISO 19650 (alle Teile) einen sehr breiten Anwendungsbereich. Man kann sie auf alles anwenden, was mit Information im Lebenszyklus eines Assets zu tun hat.

1.1 Lebenszyklus und Wertschöpfungskette

Eine Wertschöpfungs-„Kette“ ist Bestandteil des Lebens-„Zyklus“. In Zyklen zu denken kommt der wirtschaftlichen Praxis nahe. Es ist dann auch unwichtig, ob Planung oder Betrieb „am Anfang steht“. Planung bedeutet immer auch Betriebsplanung. Den höheren Investitionssummen geschuldet wird der Bauherr oft den Betrieb an den Anfang der Wertschöpfungskette stellen.

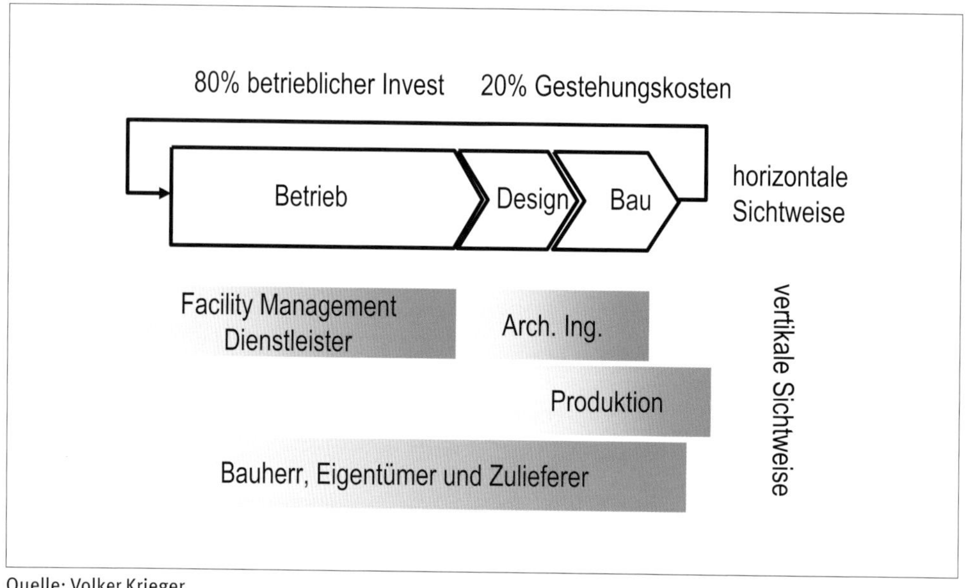

Quelle: Volker Krieger

Bild 3: Wertschöpfungskette im Asset-Lebenszyklus und Beteiligte (CC-BY-NC-SA 3.0)

Wertschöpfung (aber auch Wertvernichtung) kann an jeder Stelle des Zyklus geschehen. Allerdings beschreibt ein reiner Zyklus die Wirklichkeit nicht ganz richtig. Eher sollte man sich eine Spirale vorstellen, auf der der Beteiligte beim Durchwandern immer wieder gleichartige Phasen erlebt. Folglich lassen sich die Konzepte von DIN EN ISO 19650 (alle Teile) wiederholt anwenden.

Das folgende Bild erscheint zwar erst im Kapitel 6 von DIN EN ISO 19650-1, in diesem Kommentar stellen wir es jedoch wegen seiner grundsätzlichen Bedeutung bereits an den Anfang.

14 Der englische Originalbegriff *framework* ist in seiner Bedeutung besser und weniger einschränkend als das Kunstwort „Rahmennorm“.

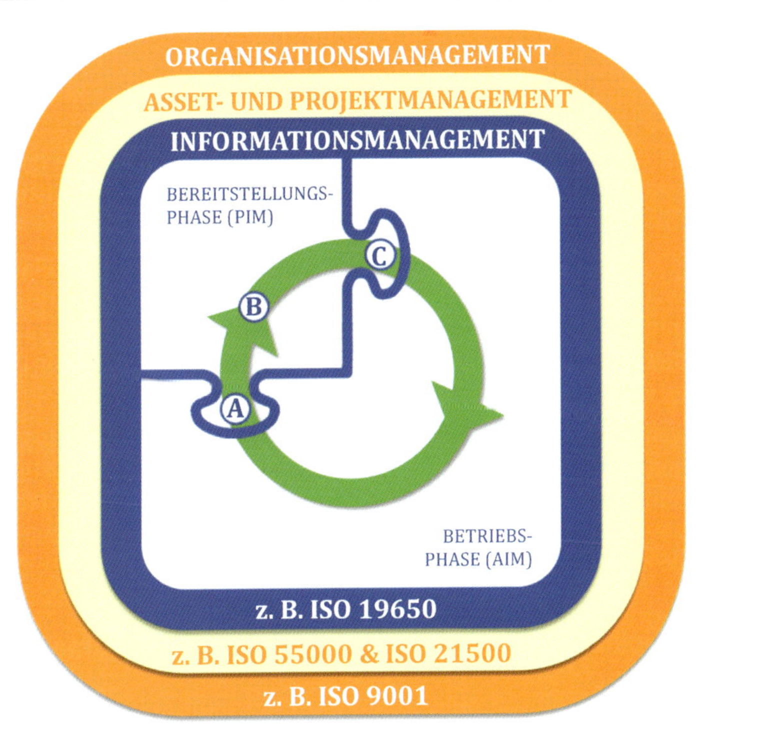

Legende

A Beginn der Bereitstellungsphase – Übertragung der relevanten Informationen von Asset-Informationsmodell (AIM) nach Projekt-Informationsmodell (PIM)

B Progressive Weiterentwicklung des Design-Intent-Modells zum virtuellen Konstruktionsmodell (siehe 3.3.10, Anmerkung 1 zum Begriff)

C Ende der Bereitstellungsphase – Übertragung der relevanten Informationen von Projekt-Informationsmodell (PIM) zu Asset-Informationsmodell (AIM)

Quelle: DIN EN ISO 19650-1:2019-08

Bild 4: Die „Zwiebel" (*engl. the onion*)[15] Allgemeiner Lebenszyklus des Projekt- und Asset-Informationsmanagements aus DIN EN ISO 19650 (Bild 3)

---

15 Diese Darstellung hat unter Eingeweihten den passenden Spitznamen „Die Zwiebel – *the onion*" erhalten. Einige weitere, inzwischen ikonische BIM-Grafiken von DIN EN ISO 19650 (alle Teile) haben Spitznamen erhalten.

Diese Darstellung verdeutlicht mehrere Konzepte auf einmal:

- Die zyklische Natur der Prozesse im Sektor des Planens, Bauens und Betreibens von Assets und des begleitenden Informationsmanagements wird durch den grünen Kreispfeil verdeutlicht[16]
- Die Einbettung der Normung DIN EN ISO 19650 (alle Teile) in eine größere Umgebung bereits bestehender und weltweit angewandter Normen zum Qualitätsmanagement, Projekt- und Assetmanagement.
- Die sehr grobe Unterteilung des zyklischen Geschehens beim Planen, Bauen und Betreiben von Assets in eine Bereitstellungsphase (*engl. delivery phase*) und eine Betriebsphase (*engl. operational phase*) und die jeweils dazugehörigen Modelle dazu – als „Heimat" der Informationen. Diese Informationsmodelle werden in DIN EN ISO 19650 (alle Teile) erstmals explizit definiert.

Für den Anwendungsbereich von DIN EN ISO 19650 (alle Teile) gibt es also einen „internen" und „externen" Kontext. Intern ist die Sichtweise auf alle Prozesse beim Planen, Bauen und Betreiben von Assets. Extern ist zu betrachten, welche Beziehung diese Prozesse im Außenverhältnis zu einem bereits bestehenden, übergeordneten Qualitätsmanagement haben. „BIM nach 19650" ist kein in sich abgeschlossenes System.

1.2 Entwicklungsstadien des Informationsmanagements

Informationsmanagement ist keine neue Erfindung. Um das nachfolgende Schema aus der ISO 19650 ist lange gerungen worden. Es soll die Entwicklungsstadien (auch als „Entwicklungsgrade" übersetzt) des Informationsmanagements verdeutlichen. Das Schema hat absichtlich keinen expliziten zeitlichen Bezug – anders als einige Stufenpläne[17] und auch anders als der Vorgänger mit der historischen, ja, fast schon ikonischen Grafik der UK PAS 1192. Die von der PAS als „*wedge*" bekannte Grafik unterliegt einem Copyright[18] und kann deshalb hier nicht im Original wiedergegeben werden. Deshalb – und weil der keilartige Anstieg der „wedge" nicht dem eher schematischen Verständnis der ISO 19650 entspricht, ist in der ISO 19650 die nachfolgende, eher nüchterne und in Ebenen unterteilte Darstellung gewählt worden – analog dem ISO/OSI-Schichtenmodell.

16 Interessant ist hier der Drehsinn. Er folgt dem gewohnten Uhrzeiger-Drehsinn – anders als der Drehsinn der englischen, komplementären Grafik des „racetracks" am Ende von Teil 1 (siehe hierzu das Kapitel „Historische Entwicklung").

17 S. a. „Stufenplan Digitales Planen und Bauen" des BMVI 2015.

18 Das „wedge"-Diagramm ist mit einem Copyright in PAS 1192-2:2013 durch die British Standards Institution, Mark Bew MBE und Mervyn Richards OBE belegt. Eine zitierende Darstellung lässt sich derzeit z. B. finden unter bimuk.co.uk/bim/bim-level-2

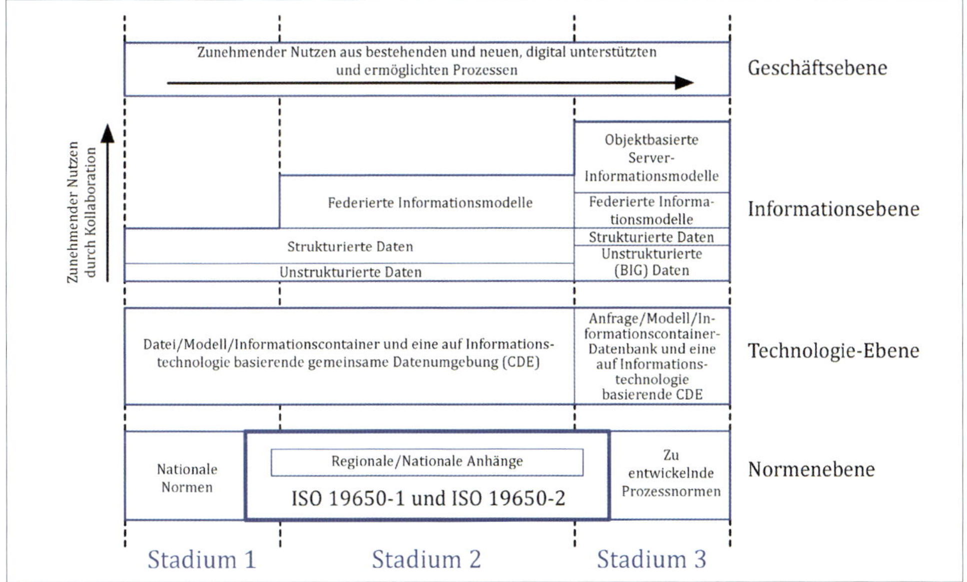

Quelle: DIN EN ISO 19650-1:2019-08

Bild 5: Entwicklungsstadien des Informationsmanagements – Verortung der ISO 19650 in der Entwicklung des Informationsmanagements und der Digitalisierung des Bausektors – aus Sicht der ISO 19650 (Bild 1).

1.3 Besonderheiten

Zwei Dinge der DIN EN ISO 19650 (alle Teile) sind vorab besonders erwähnenswert. Da ist zum einen ein Verständnis für die korrekte Benutzung von *„shall“* und *„should“* im Original und zum anderen der Aspekt der Zusammenarbeit (*engl. „collaboration“*).

„shall“ ist im Sinne eines Vorschlags zu verstehen – nicht immer im Sinne von „müssen“. Auch wenn gängige Übersetzungen Letzteres bevorzugen. Es offenbaren sich hier feine, aber grundlegende sprachliche Unterschiede. Eine feste und unverwechselbare Übersetzung ist nicht möglich. Zum Glück gibt es nur ein *„shall“* im gesamten Dokument – im internationalen Vorwort.

„should“ ist die vorsichtige Form von *„shall“* – also noch weniger restriktiv. Bei allen Regeln der deutschen Übersetzung – unsere englischen Kolleg*innen verstehen das genau so.

> In this document, the verbal form „should“ is used to indicate a recommendation. (ISO 19650-1)
>
> In diesem Dokument wird das Hilfsverb „sollte“ für Empfehlungen verwendet. (DIN EN ISO 19650-1)

„should“ kommt im englischen Original an 165 Stellen vor. Denken Sie daran, wenn Sie „sollten“ lesen. Manchmal gibt es auch Übersetzungsfehler. In Kapitel 10.1 wurde aus einem *„should“* ein „sollen“ (richtig wäre ein „sollten“). Bitte verzeihen Sie es den Übersetzern.

Zusammenarbeit wird in der DIN-Fassung als Übersetzung von *„collaboration“* benutzt. Doch wie wird *„collaborative“* übersetzt? Es gibt im Original ein *„collaborative environment“*. „Zusammenarbeitende Umgebung“ ist natürlich falsch – doch eine „Umgebung, in der zusammengearbeitet wird und/oder die die Zusammenarbeit befördert“ lassen die Übersetzungsregeln nicht zu. Also steht dann in der deutschen DIN-Fassung „Kollaborative Umgebung“. Allein dieser Ausdruck ist lange vom Übersetzungsteam diskutiert worden. Ist er politisch zulässig? Versteht der Leser, was gemeint ist? Diese Situation ist ein gutes Beispiel für die oben erwähnten und im nationalen Vorwort eingefügten Sätze:

– „Dem Anwender der Norm wird empfohlen, sich mit den Begrifflichkeiten dieser Norm auseinanderzusetzen.“

– „Dies [die Beibehaltung des englischen Begriffs, d. A.] dient der Lesbarkeit und Beibehaltung des inhaltlichen Bezugs zur englischen Sprachfassung.“

Es mag relativ leicht sein, eine „Rahmen-Norm“ (*engl. framework*) zu entwickeln. Es ist aber ungleich schwieriger, konsistente und verständliche, normative Vorgaben für die innerhalb des Rahmens agierenden Beteiligten, für die betroffenen Gegenständlichkeiten, für die verwendeten Methoden, Prozesse und Werkzeuge zu schaffen. Zumal die „BIM“-Normierung den neuen Weg des „Befähigens“ beschreitet und nicht mehr nur den Stand der Technik protokolliert.

Noch schwieriger wird es dann, wenn diese „befähigende“ Normierung von einem Paradigmenwechsel begleitet wird. Neue, oft als abstrakt empfundene Begriffe müssen dem Leser erklärt werden. Manche Gewohnheiten müssen abgelegt, eine neue Sprache muss gelernt werden. All dies findet sich in DIN EN ISO 19650 (alle Teile) und somit auch in diesem Dokument. Der geneigte Leser möge also nicht verzweifeln, wenn beim ersten Lesen nicht alles sofort verständlich ist. Er möge eine Pause machen und am nächsten Tag einen neuen Anlauf nehmen. Sollten dann – nach mehreren Versuchen – weiterhin Fragen offen bleiben, so kann er sich mit vollem Recht an den Verfasser wenden und um Aufklärung und bessere Erklärung bitten[19].

1.4 Kontext

Als Kontext wird eine Umgebung und ihre Wirkung auf eine Gegenständlichkeit oder ein Geschehen verstanden. In der Informationstechnik – die als eine technische Ausformung eines Informationsmanagements verstanden werden kann – ist der Kontext die „Information zur Charakterisierung einer Interaktion“[20].

Kontext und die damit dokumentierten Zusammenhänge sind wesentliche Elemente des Building Information Modellings (BIM) nach DIN EN ISO 19650 (alle Teile). Viele Produktivitätsverluste, Verzögerungen und finanzielle Nachforderungen bei Projekten des Planens, Bauens und Betreibens von Assets beruhen auf einem Defizit an Kenntnissen der Gesamtzusammenhänge. Sicher ist es weder sinnvoll noch immer möglich, alles bis ins kleinste Detail zu planen – aber wenigstens der Gesamtzusammenhang und eventuelle Risiken

19 volker@prefect.consulting.

20 de.wikipedia.org 2021-08-03 – Wegen der Vielzahl der IT-Normen in ISO und CEN und der damit immer wieder variierenden Definition wird hier für allgemein anwendbare Begriffe die zusammenfassende Definition aus der Wikipedia bevorzugt.

müssen zumindest einmal betrachtet werden. Je größer das Vorhaben, desto wichtiger ist der Blick auf den Kontext, in dem sich dieses befindet und befinden wird.

DIN EN ISO 19650 (alle Teile) gibt einen Rahmen vor, der als Anleitung zur Erstellung eines Kontextes dienen soll. Diesen Kontext kann man sich als auf verschiedenen Ebenen realisiert vorstellen.

Am einfachsten ist vielleicht der normative Kontext zu verstehen. Hier sind die Zusammenhänge durch die Familie der internationalen, nationalen und regionalen Normen und Regeln zum Thema BIM zu erfassen. Etwas komplexer werden die Zusammenhänge im organisatorischen und gesellschaftlichen Kontext. Beides wird im Folgenden näher erläutert.

1.4.1 Normativer Kontext

Wie schon oben angeführt, sollte DIN EN ISO 19650 (alle Teile) im Kontext anderer normativer Vorgaben gesehen werden. Zurzeit ist diesbezüglich eine sehr dynamische Entwicklung zu beobachten.

Ein übergeordneter Zusammenhang in der Normenlandschaft ist bereits heute darstellbar (siehe auch Kapitel 1.1). DIN EN ISO 19650 (alle Teile) steht von „außen“ (gemeint ist von außerhalb der „BIM“-Welt) in Zusammenhang mit den etablierten Normenreihen ISO 9000 „Qualitätsmanagement“, ISO 21500 „Projektmanagement“ und ISO 55000 „Asset Management“.

Somit kann DIN EN ISO 19650 (alle Teile) auch als der Beginn eines international anwendbaren Qualitätsmanagements des Bauwesens angesehen werden.

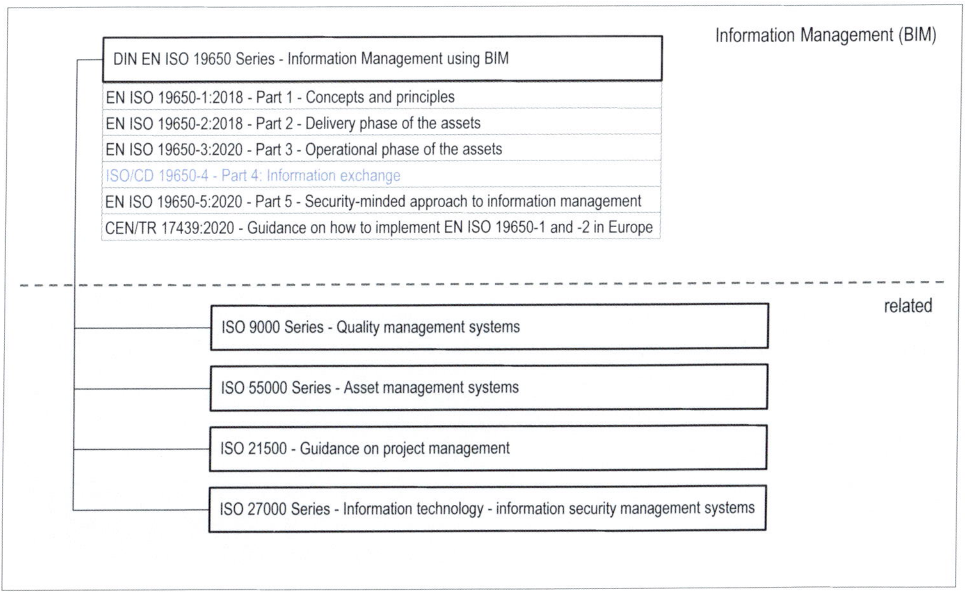

Quelle: Volker Krieger

Bild 6: DIN EN ISO 19650 (alle Teile) und ihre externen normativen Bezüge (CC-BY-NC-SA 3.0) (siehe Bild 4)

Innerhalb der „BIM“-Welt bildet DIN EN ISO 19650 (alle Teile) den Rahmen für die derzeit bestehenden und in Entwicklung befindlichen „BIM“-Normen. Aufgrund der Dynamik der Normenarbeit im Bereich BIM ist die nachfolgende Aufstellung der Normen nur eine Momentaufnahme. Doch gibt die nachfolgende Übersicht einen Eindruck vom Umfang.

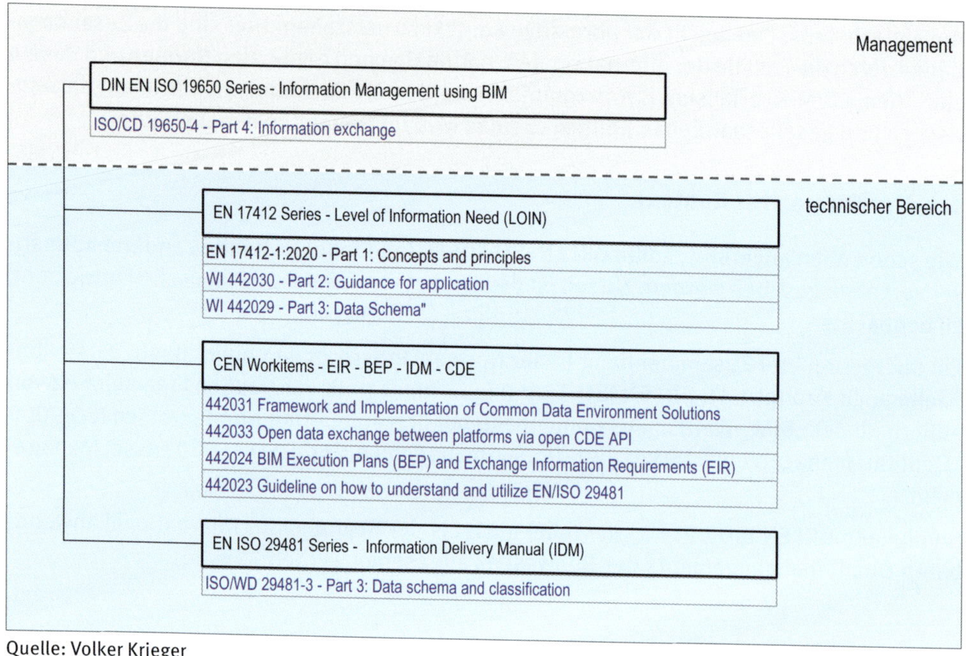

Quelle: Volker Krieger

Bild 7: Grobe Übersicht der „internen“ BIM-Normen-Landschaft 2021 (CC-BY-NC-SA 3.0)

Im Kapitel 2 und im Kapitel 5 dieses Dokuments wird auf diese „Landschaft“ als normativer Kontext im Detail eingegangen.

1.4.2 Organisatorischer und gesellschaftlicher Kontext

Tabelle 1 in Kapitel 4.3 von DIN EN ISO 19650-1 verdeutlicht den Kontext, in dem die Normenreihe steht.

Zur Erfassung eines organisatorischen und gesellschaftlichen Kontextes wird in Kapitel 4 das Instrument der „Sichtweise“ eingeführt. „Sichtweise“ (*engl. perspective*) wird oft im Sinne von „Denkweise“ benutzt – Letzteres wird im Englischen und Deutschen auch als Paradigma bezeichnet. „BIM“ und Digitalisierung werden oftmals mit einem Paradigmenwechsel, oft sogar mit einem disruptiven Paradigmenwechsel gleichgesetzt. Insofern verdient die nachfolgende Kontextdiskussion erhöhte Aufmerksamkeit.

Schauen wir zunächst auf die in der Tabelle beschriebenen Sichtweisen, wie sie exemplarisch in Teil 1 zusammengefasst sind. Es sind dort

- die Ziele (*engl. purpose*), die bei der Einnahme der jeweiligen Sichtweise erreicht werden können, und
- exemplarische Werkzeuge und Leistungen (*engl. example deliverables*), die zur Erreichung dieser Ziele beitragen können, aufgeführt.

Dabei kann ein Werkzeug (z. B. Businessplan) auch als Leistung aufgefasst werden.

Tabelle 1 — Sichtweisen des Informationsmanagements

Sichtweise	Zweck/Absicht	Beispiele für Informationsbereitstellungsleistungen
Sichtweise der Besitzer des Assets	Den Zweck des Assets oder des Projekts festlegen und aufrechterhalten. Strategische Geschäftsentscheidungen treffen.	Businessplan Strategische Asset-Portfolio-Analyse Lebenszykluskosten-Analyse
Sichtweise der Nutzer des Assets	Die wahren Anforderungen des Nutzers identifizieren und sicherstellen, dass die bauliche Lösung die richtigen Qualitäten und Kapazitäten hat.	Projektbeschreibung Asset-Informationsmodell Projekt-Informationsmodell Produktdokumentation
Sichtweise der Projektdurchführung oder des Asset-Managements	Die Arbeit planen und organisieren, die richtigen Ressourcen mobilisieren, die Entwicklung koordinieren und steuern.	Pläne, z. B. BIM-Abwicklungspläne Organigramme Funktionsdefinitionen
Soziale und gesellschaftliche Sichtweise	Sicherstellen, dass die Interessen der Gemeinschaft während des Lebenszyklus (Planung, Bereitstellung und Betrieb) berücksichtigt werden.	Politische Vorgaben Gebietspläne Baugenehmigungen Konzessionen
ANMERKUNG Die Beispiele der Informationsbereitstellungsleistung sind für den Standpunkt jeder Sichtweise relevant. Sie geben nicht an, wer das Eigentum an den Leistungen hat oder wer die Arbeiten zur Erstellung der Leistungen ausführt.		

Quelle: DIN EN ISO 19650-1:2019-08

Bild 8: Kontextumfang und Sichtweisen aus DIN EN ISO 19650-1 (Tabelle 1)

Diese Tabelle verdeutlicht unterschiedliche Sichtweisen bei der Anwendung des Informationsmanagements. Im vorhergehenden Kapitel 4.3, Teil 1 wird darauf hingewiesen, dass daraus die Informationsanforderungen und die Informationsbereitstellungen abgeleitet werden. Dass hier die Planung (*engl. planning for information delivery*) und Leistung separat (*engl. information delivery*) aufgeführt wird, ist typisch für BIM nach 19650. Es genügt nicht, nur Information zu liefern – die Lieferung bzw. Informationsbereitstellung an sich gilt es zu bedenken.

4.3 Sichtweisen des Informationsmanagements

Verschiedene Sichtweisen des Informationsmanagements sollten vom Informationsmanagement Prozess erkannt und auf folgende Weise in den Prozess einbezogen werden:

- bei der Spezifikation der Informationsanforderungen;
- bei der Planung der Informationsbereitstellung; und
- bei der Bereitstellung von Informationen.

Die Sichtweisen des Informationsmanagements sollten von Fall zu Fall definiert werden, jedoch werden die vier in Tabelle 1 beschriebenen Sichtweisen empfohlen. Je nach Art des Assets oder des Projekts können auch andere Sichtweisen hilfreich sein.

Wie mit diesem Abschnitt und der obigen Tabelle bereits aufgezeigt, wäre noch einiges hinzuzufügen. Und in der Tat war diese Tabelle von den Editoren der 19650-Reihe als grundlegend, nicht aber als erschöpfend gedacht – sie enthält sozusagen „nicht zu vermeidende Beispiele“. Darauf deutet schon die als Aufzählung von Beispielen gestaltete dritte Spalte hin. Es ist bemerkenswert, dass im internationalen Umfeld die hier aufgeführten Beispiele inzwischen weitgehend Allgemeingut sind. Für den deutschsprachigen Raum und insbesondere für die einzelnen Rechtsräume der DACH-Gruppe (Deutschland, Österreich (Austria) und die Schweiz als Confoederatio Helvetica (CH)) sind sicher noch spezifische Ergänzungen zu machen. Es ist eine gute Vorgehensweise, ausgehend von dieser Tabelle, eine regional-spezifische Zusammenstellung zu erfassen – als Grundlage für die Anwendung von BIM nach ISO 19650 in einem Projekt.

So wie Informationsmanagement verschiedene Betrachtungsebenen haben kann, so kann auch der Kontext, in dem dies geschieht, als ein mehrdimensionales Universum betrachtet werden. Dabei kann jeder „Dimension“ eine Ebene mit einer ihr eigenen Skala zugeordnet werden. Jede dieser Dimensionen (Ebenen) kann für sich betrachtet werden. Das Gesamtbild erhält man nur bei Betrachtung des gesamten Universums. Inzwischen wird öfter mal von BIM 3D, 4D oder 5D gesprochen. Das deutet schon an, dass es mehrere Dimensionen und Betrachtungsebenen gibt. Der menschlichen Auffassungsgabe und/oder einer grafischen Darstellung sind allerdings schon bei BIM 3D Grenzen gesetzt.

Nachfolgend wird diese „mehrdimensionale“ Sichtweise durch eine schrittweise Annäherung verständlich gemacht. Dabei wird im ersten Schritt von der oben eingeführten Lebenszyklusbetrachtung ausgegangen (siehe Bild 4 – Lebenszyklusbetrachtung). Im zweiten Schritt sind die betrachteten „Dimensionen“ einerseits die Zeitachse des Lebenszyklus und andererseits das Spannungsfeld zwischen Informationsmanagement und Informationstechnik.

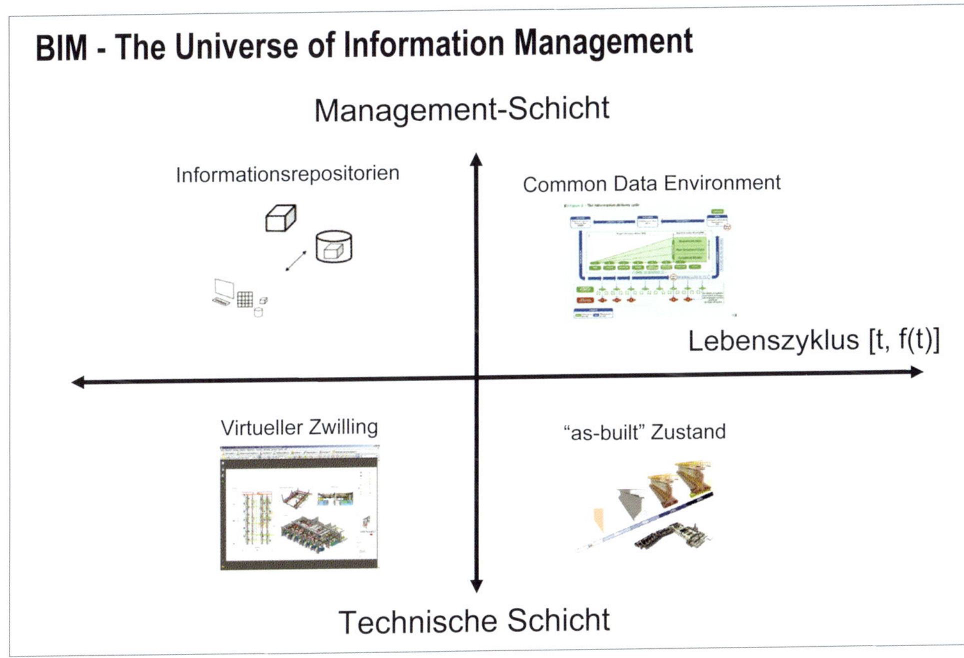

Quelle: Volker Krieger

Bild 9: Dimensionierung eines Informations-Universums (CC-BY-NC-SA 3.0)

Nicht ganz korrekt wird hier der „virtuelle Zwilling" auf der Zeitachse des Lebenszyklus am Anfang positioniert. Es ist zwar korrekt, den virtuellen Zwilling an den Anfang eines Informationsmanagements nach ISO 19650 zu stellen. Tatsächlich aber begleitet er – anders als früher die CAD in der Planungsphase – ein Asset über den ganzen Lebenszyklus. Es ist eine der Herausforderungen an die Technik des Informationsmanagements nach ISO 19650, diesen phasenübergreifenden Lebenszyklus des virtuellen Zwillings zu verwirklichen.

Im nächsten Schritt wird eine zusätzliche Managementdimension eingeführt. Diese wird im Wesentlichen „erzeugt" durch ein Informationsmanagement. Stellvertretend dafür stehen die weiter unten besprochenen „Informationsanforderungen" und „Informationsmodelle" nach ISO 19650 und die Einbettung dieser Konzepte in den oben geschilderten normativen Kontext.

Die Diskussion weiterer Dimensionen würde den Rahmen dieses Kommentars sprengen. Für das Verständnis der folgenden Kapitel bietet der hier gezeigte Kontext ausreichende Orientierung.

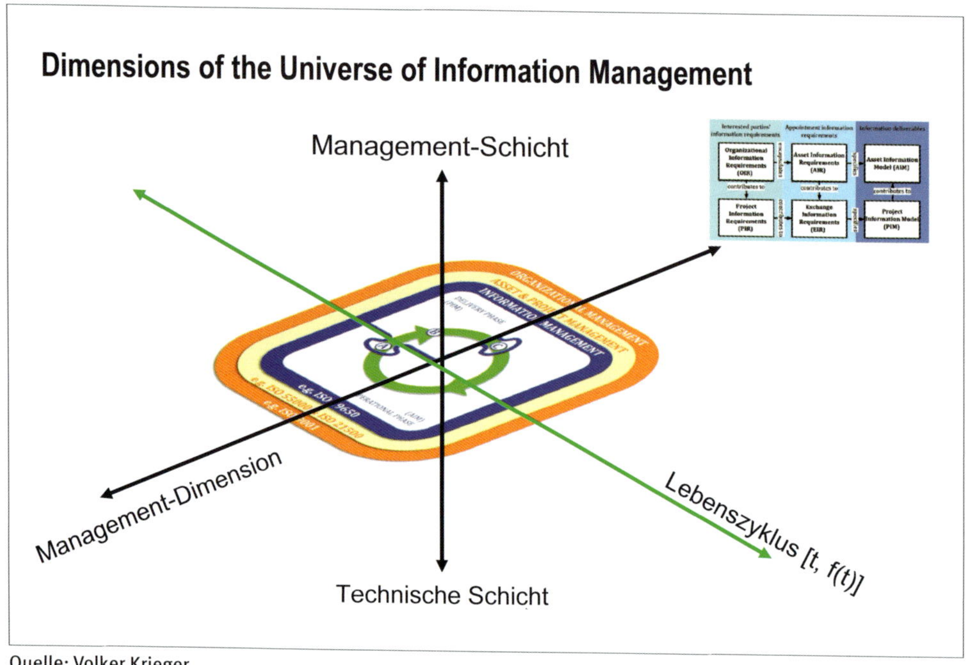

Quelle: Volker Krieger

Bild 10: Schritte zur Verdeutlichung einer mehrdimensionalen Sichtweise des BIM nach ISO 19650 (CC-BY-NC-SA 3.0)

1.5 Abgrenzung zur ISO 19650 (alle Teile)

Dieser Kommentar behandelt Teil 1 von DIN EN ISO 19650. Der originäre Titel dieses ersten Teils der Norm lautet:

„Organisation und Digitalisierung von Informationen zu Bauwerken und Ingenieurleistungen, einschließlich Bauwerksinformationsmodellierung (BIM) – Informationsmanagement mit BIM – Teil 1: Begriffe und Grundsätze“

(engl. Organization and digitization of information about buildings and civil engineering works including building information modelling (BIM) – Information management using building information modelling – concepts and principles)

> **Hinweis 1**
>
> **Anmerkung zu englischen Quellen**
>
> Wie eingangs schon im Vorwort wird im Folgenden wird immer mal wieder der englische Originaltext in kursiver Schreibweise zitiert. Dies soll beim Verständnis der unterschiedlichen Bedeutung einzelner englischer und deutscher Begriffe helfen. Eine 1:1-Übersetzung eines englischen Begriffs ins Deutsche ist nicht immer möglich (siehe hierzu auch im Detail das Kapitel 3) und daher ist es wichtig, Begriffe immer auch im Kontext zu betrachten.

Der Titel dieser Reihe leitet sich vom Namen des Subcommittee (SC 13) im TC 59 ab – dem „Home of BIM in ISO". Dem Namen lassen sich die folgenden Ansprüche entnehmen:

- Informationsmanagement und BIM zu verknüpfen,
- Digitalisierung von Informationen im Planungs- und Bausektor zu behandeln,
- Dienstleistungen und bauliche Gegenständlichkeiten zu behandeln.

Kurz zusammengefasst ist diese Thematik unter „Informationsmanagement mit BIM".

Der in diesem Dokument behandelte Teil 1 liefert – wie im Untertitel korrekt formuliert und im Rahmen des oben Genannten – Begriffe und Grundsätze (*engl. concept and principles*).

„*concept*" wird hier mit „Begriff" – nicht „Konzept" – übersetzt. Gleichwohl verbindet sich mit einem Begriff ein Konzept. Und auch dieses wird in dieser Norm behandelt. Nicht in aller Tiefe (dafür sind die jetzt entstehenden EN-Normen gedacht), aber zumindest so, dass der Leser eine erste Umsetzung der Konzepte selbstständig angehen kann.

„*principles*" wird nicht mit „Prinzipien" übersetzt, sondern mit „Grundsätzen". Das soll verdeutlichen, dass die hier beschriebenen Begriffe und Konzepte grundlegend und richtungsweisend sind, aber nicht über alle Prinzipien erhaben sind. Gleichwohl hat sich in der kurzen Zeit seit der Publikation 2018 gezeigt, dass die Grundsätze der DIN EN ISO 19650 gut in die Zeit und in den Markt passen. Bei der Umsetzung, die unter Umständen schwierig erscheint, sollte dieses Dokument hilfreich sein.

Die nachfolgenden Teile 2 und 3[21] der Normenreihe beschreiben Prozesse in den beiden grundsätzlichen Lebenszyklusphasen und sind Gegenstand eines separaten Dokuments – verbunden mit dazugehörigen konkreten Prozessbetrachtungen:

- Teil 2: Planungs-, Bau- und Inbetriebnahmephase
- Teil 3: Betriebsphase der Assets

Dort finden sich komplette Prozessketten mit allen Unterprozessen. Bei Einhaltung oder Beachtung dieser Prozesskette(n) ist ein „Informationsmanagement nach BIM" gemäß DIN EN ISO 19650 (im Folgenden als „BIM nach 19650" bezeichnet) gegeben.

Hinweis 2

Anmerkung zur Mengenlehre von „BIM nach 19650"

Die Bezeichnung „BIM nach 19650" wird für eine Methodologie verwendet, die sowohl die derzeit allgemeingültigen Grundsätze des „Building Information Modelling (BIM)" wie auch die regulativen Vorgaben von DIN EN ISO 19650 (alle Teile) befolgt. In den meisten, aber nicht in allen Fällen bestehen keine Unterschiede. Die beiden Definitionsräume „Building Information Modelling (BIM)" und „DIN EN ISO 19650" bilden eine sehr große und zunehmend größer werdende Schnittmenge. Die Restmengen der beiden Definitionsräume werden immer kleiner. Dazu will auch dieser Kommentar beitragen.

21 Teil 3 erscheint als DIN, während dieser Kommentar zu Teil 1 gerade geschrieben wird.

Da die wesentlichen Konzepte und Elemente eines Informationsmanagements nach DIN EN ISO 19650 in Teil 1 zusammengefasst sind, können die Teile 2 und 3 nicht verstanden werden ohne Teil 1. Umgekehrt kann Teil 1 aber sehr wohl für sich allein gelesen und umgesetzt werden – somit ein Informationsmanagement nach DIN EN ISO 19650 schon mit den Kenntnissen aus Teil 1 verwirklicht werden.

Bereits erschienen sind die Teile:

- Teil 4: Informationsaustausch
- Teil 5: Spezifikation für Sicherheitsbelange von BIM, der digitalisierten Bauwerke und des smarten Assetmanagements

Es folgen in nächster Zeit

- Teil 6: Health and Safety (voraussichtliche ISO in 2024)

Weitere Folgen dieser Kommentar-Reihe sind also absehbar.

Alle Teile (bis auf Teil 4) orientieren sich übrigens in ihrer nummerierten Abfolge weitgehend an den „Mutter"-Dokumenten der UK-PAS-1192-Reihe.

DIN EN ISO 19650-1 befolgt zunächst die im Normenwesen übliche Vorgehensweise, Begriffe einheitlich und normativ zu definieren und neue Begrifflichkeiten einzuführen. Deshalb ist das dafür standardmäßig vorgesehene Kapitel 3 in dieser Norm sehr umfangreich (in Teil 2 und 3 werden nur wenige Begriffe neu eingeführt). Das Kapitel 3 ist wichtig für das Verständnis der weiteren Normen – auch über die Normenreihe hinaus (siehe dazu auch Kapitel 3). Das Kapitel 3 aus DIN EN ISO 19650-1 werden wir häufig konsultieren müssen.

Die dann nachfolgenden Kapitel verdeutlichen die mit den Begriffen verbundenen Konzepte. Die „Digitalisierung des Bausektors" ist ein sehr großes Unterfangen. Trotz des Umfangs kann Teil 1 nur einen Einstieg in das Thema geben. Er setzt die Leitplanken zu weiteren Vorgehensweisen. Dieser Kommentar wird den Einstieg in die Digitalisierung des Lebenszyklus und der Wertschöpfungskette vertiefen und auch über die Leitplanken hinweg betrachten.

1.6 Kapitelreihenfolge in Teil 1

Die Reihenfolge der Kapitel in der originalen Fassung der DIN EN ISO 19650 Teil 1 ist eine Kombination aus der ursprünglichen englischen PAS-1192-Vorgängerversion und einer lang diskutierten und immer wieder geänderten ISO-Neufassung. Schließlich haben neue, strenge Zeitrahmen der ISO für Normungsvorhaben und eine immer stärker werdende internationale Beteiligung speziell an diesem Vorhaben zu einem nicht ganz ausgereiften Kompromiss geführt. In diesem Kommentar wird versucht, einige weniger geglückte Folgen dieses Kompromisses zu beheben.

Dieser Kommentar beginnt mit der üblichen normativen Einteilung der Kapitel 1 bis 3 in

- „Anwendungsbereich" (*engl. scope*),
- „Normative Verweise" (*engl. normative references*) und
- „Begriffe und Definitionen" (*engl. terms and definitions*).

Daran schließt sich das inhaltlich umfangreichste Kapitel 4 an. Dort wird auch der „rote Faden“ angeboten. Dieser ist erforderlich angesichts der etwas ungeschickten Reihung der ursprünglichen Kapitel.

1.7 Zitate, Anmerkungen und Übungen

Dieser Kommentar enthält Passagen der originalen ursprünglichen DIN EN ISO 19650 (alle Teile) in abgesetzten Zitaten. Aufgrund der oben angesprochenen Problematik der Kapitelfolge in den Normen ist die ursprüngliche Abfolge nicht immer eingehalten worden. Aus diesem Grund wird dem Leser in diesem Kommentar der „rote Faden“ (Kapitel 4 ff.) angeboten.

Die eingerahmten Hinweise sind wesentliche Beiträge zum Verständnis. In den Anmerkungen werden Regeln, die auf den ersten Blick vielleicht ungewöhnlich erscheinen und deshalb gewöhnungsbedürftig sind, verständlich gemacht. Die Anmerkungen sollten beachtet werden, um nachfolgend Verständnisschwierigkeiten zu vermeiden.

Die gleichfalls in Rahmen gesetzten Übungen sind als Vorschläge zu verstehen. Die hier kommentierte Norm definiert grundlegende Begrifflichkeiten und Konzepte. Die vorgeschlagenen Übungen dienen der Erprobung zur Umsetzung. Die Übungen vertiefen das neue Wissen im Paradigma des Informationsmanagements nach DIN EN ISO 19650 durch ihre Praxis.

1.8 Weiterführende Anwendungsbereiche

DIN EN ISO 19650 (alle Teile) kann in einem externen Kontext zu bereits eingeführten Normen (Reihen) gesehen werden. Dabei lassen sich enge Beziehungen bzw. Verwandtschaften erkennen.

Tabelle 1: Normenbeziehungen (CC-BY-NC-SA 3.0)

BIM-Norm	Allgemeine ISO-Norm oder Normenreihe
ISO 19650 Teil 1	ISO 9000 Reihe – Qualitätsmanagement *)
ISO 19650 Teil 2	ISO 21500 – Projektmanagement *)
ISO 19650 Teil 3	ISO 55000 – Asset Management *)
ISO 19650 Teil 4	*(Information Exchange)*
ISO 19650 Teil 5	ISO 27000 – Sicherheit in der IT)
ISO 19650 Teil 6	*(Health and Safety)*
*) deutsche Übersetzung bzw. DIN vorhanden	

Es ist ratsam, bei intensiver Nutzung des jeweiligen Teils aus DIN EN ISO 19650 (alle Teile) die jeweils „benachbarte“ allgemeine Norm und Normenreihe in Betracht zu ziehen. Leider sind alle obigen Normenreihen inzwischen sehr umfangreich. Trotzdem sollten zumindest die wichtigsten Inhalte und Konzepte bekannt sein.

Normen können die Grundlage bilden für ein Akkreditierungs-, Auditierungs- und Zertifizierungssystem. So wie die ISO 9000 „Qualitätsmanagement" den Marktteilnehmern eine Grundsicherung hinsichtlich der internen Organisationsqualität gibt, kann die ISO 19650 in Zukunft der Baubranche eine Grundsicherung hinsichtlich des Informationsmanagements geben. Und wir wissen ja, dass fehlendes oder unzureichendes Informationsmanagement die Hauptursache für unsere mangelnde Produktivität ist.

Aufgabe 1

Übung: BIM Erfahrung

Welche Erfahrungen mit BIM haben Sie bisher gemacht?

Diese Übung eignet sich besonders gut für ein Team (kollaboratives Arbeiten).

Geben Sie sich maximal 30 Minuten Zeit.

Erstellen Sie eine Tabelle „Meine persönlichen BIM-Erfahrungen" ...

- mit den Zeilen „auf Management-Ebene", „auf operativer Projektebene", „mit externen Dienstleistern", „im privaten Umfeld" und
- mit den Spalten „allg. Kenntnisse", „normative Kenntnisse", „Werkzeuge (z. B. Software)", „Anmerkungen"

und füllen Sie die dadurch entstehenden Felder aus – entweder ...

- mit einem von Ihnen anzugebenden Bewertungsschlüssel (z. B. Schulnoten 1 bis 6) oder
- mit Auflistung von Fakten (z. B. Revit Version 2023 vorh.) oder
- mit anderen Inhalten (z. B. Status → Maßnahme → Bewertung).

Notieren Sie auch „keine", wo keine Kenntnisse oder Werkzeuge vorhanden sind.

Projizieren Sie nicht – dokumentieren Sie!

2 Normative Verweise

Die Normenreihe DIN EN ISO 19650 stellt einen Rahmen (*engl. Framework*). In diesen Rahmen fügen sich weitere „BIM"-Normen ein (siehe auch Kapitel 1.4.1 und Kapitel 5). Derzeit findet die normative Arbeit sowohl in ISO als auch in CEN statt. Die Koordination ist durch institutionelle und personelle Verquickung gesichert. Allerdings wächst derzeit die Zahl der „BIM"-Normen annähernd exponentiell. Dass dies eine Herausforderung darstellt, ist bei einem Ausgangsstand von nur einer Norm im Jahre 2005 nicht verwunderlich[22].

Es gibt eine ganze Reihe von „Vorarbeiten" in anderen ISO-Normbereichen, auf die sich die DIN EN ISO 19650 sinnvoll abstützt[23]. Nicht alle davon stehen als DIN und in deutscher Übersetzung zur Verfügung.

DIN ISO und DIN EN ISO „Vorarbeiten" (DIN EN ISO 19650 Teil 1 – Nationaler Anhang):

DIN EN 82045-1, Dokumentenmanagement

DIN EN ISO 9001, Qualitätsmanagementsysteme

DIN EN ISO 12006-3, Bauwesen – Organisation objektorientierten Informationsaustausch

DIN EN ISO 16739, Industry Foundation Classes (IFC)

DIN EN ISO 19650-2 Planungs-, Bau- und Inbetriebnahmephase

DIN EN ISO 29481-1:2018-01, BIM – Handbuch der Informationslieferungen Teil 1: Methodik und Format

DIN EN ISO/IEC 27000, Informationstechnik – Sicherheitsverfahren – Informationssicherheits-Managementsysteme – Überblick und Terminologie

DIN ISO 21500, Leitlinien Projektmanagement

DIN ISO 31000, Risikomanagement – Leitlinien

DIN ISO 37500:2015-08, Leitfaden Outsourcing

DIN ISO 55000:2017-05, Asset-Management – Übersicht Leitlinien und Begriffe

22 Hiermit ist die erste technische BIM-Norm, die ISO 16739 „Industry Foundation Classes Version" aus dem Jahr 2005 gemeint. Siehe hierzu technical.buildingsmart.org/standards/ifc/ifc-schema-specifications.

23 Es gibt unter hyperbuild.info eine Datenbank, in der alle BIM-Normen und normativen Begriffe geführt werden. Die Liste erstreckt sich über mehrere Seiten und würde den Umfang dieses Dokuments sprengen.

Liste aller ISO „Vorarbeiten" (DIN EN ISO 19650 Teil 1 – Literaturhinweise – Die kursiv gestellten Normen sind oben schon als DIN aufgeführt):

ISO 6707-1:2017, Buildings and civil engineering works — Vocabulary — Part 1: General terms

ISO 6707-2:2017, Buildings and civil engineering works — Vocabulary — Part 1: Contract and communication terms

ISO 8000, Data quality

ISO 9001, Quality management systems — Requirements

ISO 12006-2:2015, Building construction — Organization of information about construction works — Part 2: Framework for classification

ISO 12006-3, Building construction — Organization of information about construction works — Part 3: Framework for object-oriented information

ISO/TS 12911:2012, Framework for building information modelling (BIM) guidance

ISO 16739, Industry Foundation Classes (IFC) for data sharing in the construction and facility management industries

ISO 19650-2, Organization of information about construction works — Information management using building information modelling — Part 2: Delivery phase of assets

ISO 21500, Guidance on project management

ISO 22263, Organization of information about construction works — Framework for management of project information

ISO/IEC/IEEE 24765, Systems and software engineering — Vocabulary

ISO/IEC 27000, Information technology — Security techniques — Information security management systems — Overview and vocabulary

ISO 29481-1:2016, Building information models — Information delivery manual — Part 1: Methodology and format

ISO 31000, Risk management — Guidelines

ISO 37500:2014, Guidance on outsourcing

ISO 55000:2014, Asset management — Overview, principles and terminology

IEC 82045 1, Document management — Part 1: Principles and method

Zitiert werden diese Normen oftmals in den Definitionen der (neuen) Begrifflichkeiten der DIN EN ISO 19650 (alle Teile). Es lohnt sich, dann die entsprechende Ursprungsstelle mal genauer anzuschauen. So unterliegen z. B. die Begriffe „Daten" und „Information" einer interessanten und wichtigen Wechselbeziehung, die sich je nach Kontext[24] unterscheidet.

Neben diesen ISO-Verweisen existieren weiterführende CEN-Normen. Auf diese wird im Kapitel 5 eingegangen.

24 Anm. d. Verfassers: Es gibt eine einfache, aber nicht-normative Definition: „*information is data put into context*"

3 Begriffe und Definitionen

Zusätzliche Quellen sind das Stichwortverzeichnis und unter hyperbuild.info zu finden.

3.1 Vorbemerkung

Englische Begriffe sind oft nicht 1:1 ins Deutsche übersetzbar. Historisch und geografisch bedingt prägt das Englische als Lingua franca und globale Verkehrssprache Begriffe, die an vielen Orten im dortigen sozialen und wirtschaftlichen Umfeld „gleich verstanden" werden. Damit stellt sich mit der Zeit automatisch eine Generalisierung eines Begriffs ein. Das kann am englischen Wort „building" als einem der drei grundlegenden Begriffe in der Kombination „Building Information Modelling" sehr gut verdeutlicht werden. Für den englischen Begriff „building" bietet das Wörterbuch der LEO GmbH (URL dict-leo.org) die Begriffe „das Bauwerk, die Erbauung, die Baulichkeit, die Erstellung, die Immobilie, der Bau, das Bauen, das Baugewerbe, das Bauingenieurwesen, der Bausektor, die Bauwirtschaft, die Bebauung, die Bauausführung" im Kontext „Bausektor" an. Für den deutschen Übersetzer stellt sich oft die Frage, was denn „genau" gemeint ist. Mühsam muss dann aus dem Kontext der spezielle deutsche Begriff abgeleitet werden. Im Falle der DIN EN ISO 19650 ist das größtenteils und dank der Unterstützung auch der englischen Kolleg*innen gelungen.

Hinweis 3

Anmerkung zu „asset" und „baulicher Vermögensgegenstand"

Wie vorher angeführt wird in der DIN EN ISO 19650 (alle Teile) der englische Begriff *„asset"* im Sinne eines „baulichen Vermögensgegenstandes" durchgehend benutzt – vorgeblich aus Gründen der Lesbarkeit und zur Beibehaltung eines inhaltlichen Bezugs. Tatsächlich aber ist die allgemeinere Bedeutung von *„asset"* (Vermögensgegenstand) die richtige. Somit wird die deutsche Sprache um einen Begriff erweitert.

Hinweis 4

Anmerkung zu „collaboration" und „Zusammenarbeit"

Im Paradigma des *„Building Information Modelling"* wird *„collaboration"* im englischen Sprachraum häufig und zwar ohne negative Konnotation benutzt. Historisch bedingt ist der Begriff „Kollaboration" im deutschen Sprachgebrauch hingegen negativ besetzt. Lässt sich im Fall des Nomens „collaboration" dieses noch leicht und semantisch korrekt mit „Zusammenarbeit" übersetzen, so ist dies im Falle von „collaborative information management" nicht möglich. „zusammenarbeitendes Informationsmanagement" ist nicht die korrekte Übersetzung – denn nicht das Informationsmanagement arbeitet zusammen, sondern „collaborative" soll bedeuten, dass das Informationsmanagement dem Prinzip der Zusammenarbeit unterliegt („zusammenarbeitend" würde im Englischen „collaborating" heißen). Um diese im Deutschen längere Formulierung „Informationsmanagement dem Prinzip der Zusammenarbeit unterliegend" zu vermeiden, ist in diesem Falle das deutsche Attribut „kollaborativ" benutzt worden.

3.2 Begriffe und Definitionen der DIN EN ISO 19650 (alle Teile)

In DIN EN ISO 19650 Teil 1 werden die Begriffe in drei Bereiche gegliedert

3.1 – Allgemeine Begriffe

3.2 – Begriffe der Planung und Konstruktion

3.3 – Begriffe des Informationsmanagements

In diesem Kommentar wird eine andere, themenbezogene Gruppierung gewählt. Es werden Begriffsfamilien gebildet – passend zur Struktur der Inhalte in den nachfolgenden Abschnitten. Es ergeben sich die folgenden Begriffsfamilien:

3.2.1 – Asset-Lebenszyklus, Informationsanforderungen und -modelle

3.2.2 – Informationsleistungen

3.2.3 – Beteiligte, Informationen und Informationswerkzeuge

Hinweis 5

Anmerkung zu „Informations-“

Der Klarheit halber wird – anders als in den englischen Dokumenten – in der deutschen Fassung immer das Wort „Informations-“ dem jeweiligen Begriff vorangestellt. Dies dient der Unterscheidung zwischen Informationsmanagement und z. B. Projektmanagement. Die DIN EN ISO 19650 umfasst das Informationsmanagement. Sie behandelt die Produktion und Bereitstellung von Informationen, nicht die materielle Lieferung von baulichen Gegenständen (wie z. B. im Projektmanagement), auch wenn dieser Materialfluss von Informationen begleitet wird und der eine Aufgabenbereich als Bestandteil des anderen gesehen werden kann.

Hinweis 6

Anmerkung zur Schreibweise mit Bindestrich

In der deutschen Grammatik wird eine Schreibweise ohne Bindestrich bevorzugt – also „Informationsmodell“ anstatt „Informations-Modell“. Viele der hier eingeführten Begriffe – auch mit „Informations-“ beginnende zusammengesetzte Nomen – werden oft durch ihre Abkürzung (z. B. „IM“ für Informationsmodell bzw. Informations-Modell) ersetzt. In diesem Dokument wird überwiegend zur besseren Lesbarkeit die Schreibweise ohne Bindestrich benutzt.

Hinweis 7

Anmerkung zu den Abkürzungen

Informationsmanagement nach DIN EN ISO 19650 führt viele neue Begriffe ein und damit auch viele neue Abkürzungen. Bei der Übertragung der einzelnen Teile der EN ISO 19650 in die verschiedenen Sprachen der EU- bzw. der CEN-Mitglieder würden so zwangsläufig auch nationalsprachige Abkürzungen entstehen. Dies wurde von den deutschen Übersetzern als zusätzliche Belastung für den Leser gesehen, zumal die englischen Abkürzungen bereits im Markt eingeführt und im internationalen Austausch weitgehend akzeptiert und geläufig sind. Es wurde somit beschlossen, in der deutschen Sprachfassung für den DACH-Raum zwar die deutschen Übersetzungen der Begriffe zu nutzen, aber die Abkürzungen im Englischen zu belassen bzw. zu übernehmen (siehe z. B. Austausch-Informations-Anforderung (EIR)).

3.2.1 Begriffe zu Informationsanforderungen und Informationsmodellen

Grundlegend für das Informationsmanagement im Asset-Lebenszyklus (*engl. asset lifecycle (LC)*) sind die Begrifflichkeiten der unterschiedlichen Informationsanforderungen (*engl. information requirements (IR)*) und der unterschiedlichen Informationsmodelle (*engl. information models (IM)*). Die An- und Verwendung dieser Begriffe und deren Zusammenhänge werden in Kapitel 4.2 erläutert.

Tabelle 2: Entitäten aus DIN EN ISO 19650

Begriff (*engl.*)	Definition	Quelle
Asset *(engl. asset)*	Element, Sache oder Entität, das bzw. die für eine Organisation einen potenziellen oder tatsächlichen Wert besitzt N1) Nationale Fußnote: In dieser Norm wird der englische Begriff „Asset" im Sinne eines „baulichen Vermögensgegenstandes" durchgehend benutzt.	DIN EN ISO 19650-1:2019 Abschnitt 3.2.8 [QUELLE: ISO 55000:2014, 3.2.1, modifiziert. Die Anmerkungen 1, 2 und 3 zum Begriff wurden gelöscht.]
Asset-Informationsanforderungen *(engl. AIR (en) asset information requirements)*	Informationsanforderungen (3.3.2) in Bezug auf den Betrieb des Assets (3.2.8)	DIN EN ISO 19650-1:2019 Abschnitt 3.3.4
Asset-Informationsmodell *(engl. AIM (en) asset information model)*	Informationsmodell (3.3.8) für die Betriebsphase (3.2.11)	DIN EN ISO 19650-1:2019 Abschnitt 3.3.9

Begriff (*engl.*)	Definition	Quelle
Austausch-Informations-anforderung *(engl. EIR (en) exchange information requirements)*	Informationsanforderungen (3.3.2) im Zusammenhang mit einer Informationsbestellung (3.2.2) ANMERKUNG 1 zu Eintrag: In früheren Dokumenten auch weniger korrekt als Auftraggeber-Informationsanforderung (AIA) bezeichnet	DIN EN ISO 19650-1:2019 Abschnitt 3.3.6
Bauwerksinformations-modellierung *(engl. BIM (en) building information modelling)*	Nutzung einer gemeinsamen digitalen Darstellung eines Assets zur Erleichterung von Planungs-, Bau- und Betriebs-prozessen als zuverlässige Entscheidungsgrundlage	ISO 19650-1 Abschnitt 3.3.14 [QUELLE: ISO 29481-1:2016, 3.2 – geändert]
Informations-anforderung *(engl. IR (Abkürzung nicht normativ) information requirement (BIM))*	Festlegung, für was, wann, wie und für wen Informationen (3.3.1) erstellt werden sollen	DIN EN ISO 19650-1:2019 Abschnitt 3.3.2
Informationsmodell *(engl. IM (Abkürzung nicht normativ) information model (BIM))*	Zusammenstellung von strukturierten und unstrukturierten Informationscontainern (3.3.12)	DIN EN ISO 19650-1:2019 Abschnitt 3.3.8
Lebenszyklus *(engl. LC (Abkürzung nicht normativ) life cycle (BIM))*	Lebensdauer eines Assets (3.2.8) von der Definition seiner Anforderungen bis zur Beendigung seiner Nutzung, einschließlich Konzeption, Entwicklung, Betrieb, Wartung und Rückbau	DIN EN ISO 19650-1:2019 Abschnitt 3.2.10 [QUELLE: ISO/TS 12911:2012, 3.13 modifiziert. Die Worte „stages and activities spanning the life of the system" wurden durch „life of the asset" ersetzt; Die Anmerkungen 1 und 2 zum Begriff wurden gelöscht]
Organisatorische Informations-anforderungen *(engl. OIR (en) organizational information requirements)*	Informationsanforderungen (3.3.2) in Bezug auf organisatorische Ziele	DIN EN ISO 19650-1:2019 Abschnitt 3.3.3

Begriff (*engl.*)	Definition	Quelle
Projekt-Informations-anforderungen *(engl. PIR (en) project information requirements)*	Informationsanforderungen (3.3.2) in Bezug auf die Bereitstellung eines Assets (3.2.8)	DIN EN ISO 19650-1:2019 Abschnitt 3.3.5
Projekt-Informations-modell *(engl. PIM (en) project information model)*	Informationsmodell (3.3.8) für die Bereitstellungsphase (3.2.11) Anmerkung 1 zum Begriff: Während des Projekts kann das Projekt-Informationsmodell verwendet werden, um die Planung (manchmal als Planungsmodell bezeichnet) oder die virtuelle Darstellung des Assets (3.2.8), das konstruiert werden soll (manchmal als virtuelles Konstruktionsmodell bezeichnet), zu vermitteln.	DIN EN ISO 19650-1:2019 Abschnitt 3.3.10

3.2.2 Begriffe zur Informationsbereitstellung und zu Informationsleistungen

Der Vorgang der Informationsbereitstellung (*engl. information delivery (ID), gelegentlich auch information delivery cycle (IDC)*) erstellt die Informationsleistung. Die Leistung selbst (*engl. information deliverable*) ist Gegenstand der Handlung „Bereitstellung" (Kapitel 4.3). Die Leistung selbst sollte berechen- und bewertbar sein. Aus der Bewertung kann eine weitere Handlung abgeleitet werden.

Tabelle 3: Prozessbezogene Begrifflichkeiten aus DIN EN ISO 19650

Begriff (*engl.*)	Definition	Quelle
Annahme-kriterien *(engl. acceptance criteria)*	Nachweis, dass die Anforderungen erfüllt sind	DIN EN ISO 19650-2 Abschnitt 3.1.1.1 [QUELLE: ISO 22263:2008, 2.1]
Gemeinsame Datenumgebung *(engl. CDE (en) common data environment)*	(vereinbarte Umgebung für Informationen (3.3.1) für ein bestimmtes Projekt oder für ein Asset (3.2.8), um jeden Informationscontainer (3.3.12) über einen verwalteten Prozess zu sammeln, zu verwalten und zu verbreiten Anmerkung 1 zum Begriff: Ein gemeinsamer Datenumgebungs-(CDE)-Workflow beschreibt die zu verwendenden Prozesse und eine gemeinsame Datenumgebungs(CDE)-Lösung kann die Technologie zur Unterstützung dieser Prozesse bereitstellen.	DIN EN ISO 19650-1: 2019 Abschnitt 3.3.15

Begriff (*engl.*)	Definition	Quelle
Lieferphase *(engl. delivery phase)*	Teil des Lebenszyklus (3.2.10), in dem ein Asset (3.2.8) geplant, gebaut und in Betrieb genommen wird. Anmerkung 1 zum Begriff: Die Bereitstellungsphase spiegelt in der Regel einen stufenweisen Ansatz für ein Projekt wider.	DIN EN ISO 19650-1: 2019 Abschnitt 3.2.11
Federation (siehe N2) *(engl. federation (BIM))*	Erstellung (siehe N3) eines zusammengesetzten Informationsmodells (3.3.8) aus separaten Informationscontainern (3.3.12) Anmerkung 1 zum Begriff: Die einzelnen Informationscontainer, die während der Federation verwendet werden, können von verschiedenen Arbeitsgruppen stammen. N2) Nationale Fußnote: Federation wird im Sinne eines zur Koordination zusammengefügten Informationsmodells durchgehend benutzt. N3) Nationale Fußnote: Damit ist sowohl die Erstellung wie auch das Ergebnis gemeint.	DIN EN ISO 19650-1: 2019 Abschnitt 3.3.11
Informationen *(engl. information (BIM))*	reinterpretierbare Darstellung von Daten in formalisierter Form, geeignet für Kommunikation, Interpretation oder Verarbeitung Anmerkung 1 zum Begriff: Informationen können durch Menschen oder mit automatischen Mitteln verarbeitet werden.	DIN EN ISO 19650-1: 2019 Abschnitt 3.3.1 [QUELLE: IEC 82045-1:2001, 3.1.4 – modifiziert: Die Benennung wurde von „Daten" zu „Informationen" geändert. In der Definition wurde das Wort „Information" durch „Daten" ersetzt.]
Informationscontainer *(engl. information container (BIM))*	benannte persistente Zusammenstellung von Informationen (3.3.1), die innerhalb einer Datei, eines Systems oder einer Anwendungsspeicherhierarchie abrufbar sind BEISPIEL Unterverzeichnis, Informationsdatei (einschließlich Modell, Dokument, Tabelle, Zeitplan) oder eindeutige Untermenge einer Informationsdatei wie Kapitel oder Abschnitt, Ebene oder Symbol.	DIN EN ISO 19650-1: 2019 Abschnitt 3.3.12

Begriff (*engl.*)	Definition	Quelle
	Anmerkung 2 zum Begriff: Persistente Informationen sind so lange vorhanden, dass sie verwaltet werden müssen, d. h. vorübergehende Informationen wie z. B. Internet-Suchergebnisse sind ausgeschlossen. Anmerkung 3 zum Begriff: Die Benennung eines Informationscontainers sollte nach einer vereinbarten Namenskonvention erfolgen.	
Meilenstein der Informationsbereitstellung (*engl. information delivery milestone*)	geplantes Ereignis für einen vordefinierten Informationsaustausch	DIN EN ISO 19650-2: 2019 Abschnitt 3.1.3.2
Informationsaustausch (*engl. information exchange (verb)*)	Vorgang zur Erfüllung einer Informationsanforderung (3.3.2) oder eines Teils davon	DIN EN ISO 19650-1: 2019 Abschnitt 3.3.7
Entscheidungszeitpunkt (*engl. key decision point (BIM)*)	Zeitpunkt während des Lebenszyklus (3.2.10), an dem eine für die Richtung oder Lebensfähigkeit des Assets (3.2.8) wichtige Entscheidung getroffen wird Anmerkung 1 zum Begriff: Während eines Projekts stimmen diese in der Regel mit den Projektphasen überein.	DIN EN ISO 19650-1: 2019 Abschnitt 3.2.14
Informationsbedarfstiefe (*engl. LOIN (en) level of information need (BIM)*)	Vorgabe, die den Umfang und die Anzahl der Untergliederung der Informationen (3.3.1) definiert Anmerkung 1 zum Begriff: Eines der Ziele der Definition der Informationsbedarfstiefe ist, die Bereitstellung von zu vielen Informationen zu verhindern.	DIN EN ISO 19650-1: 2019 Abschnitt 3.3.16
Master-Informationsbereitstellungsplan (*engl. MIDP (en) master information delivery plan*)	Plan, der alle relevanten aufgabenbezogenen Informationsbereitstellungspläne (3.1.3.4) enthält	DIN EN ISO 19650-2: 2019 Abschnitt 3.1.3.3
Betriebsphase (*engl. operational phase*)	Teil des Lebenszyklus, in dem das Asset genutzt, betrieben und gewartet wird	DIN EN ISO 19650-1: 2019 Abschnitt 3.2.12

Begriff (*engl.*)	Definition	Quelle
Arbeitsplan (*engl. plan of work (BIM)*)	Dokument, das die wichtigsten Schritte bei der Planung, dem Bau und der Instandhaltung eines Assets detailliert beschreibt und die Hauptaufgaben und -personen benennt. Anmerkung 1 zum Begriff: Ein Arbeitsplan kann auf die Phasen des Abbruchs und des Recyclings eines Projekts ausgeweitet werden.	DIN EN ISO 19650-2: 2019 Abschnitt 3.1.2.2 [QUELLE: ISO 6707-2:2017 3.2.19, modifiziert. Alternative Begriffe staging plan, US, und project plan, US, wurden gestrichen; Anmerkung 1 zum Begriff wurde aufgenommen.]
Projekt-informationen (*engl. project information (BIM)*)	Informationen (3.3.1), die für ein bestimmtes Projekt erstellt oder in diesem verwendet werden	DIN EN ISO 19650-1: 2019 Abschnitt 3.2.9 [QUELLE: ISO 6707-2:2017, 3.2.3]
freigegeben (*engl. published*)	Zustand einer Komponente des CDE (Gemeinsame Datenumgebung). Informationen sind „freigegeben“, wenn sie in der weiteren Detaillierung der Planung, während der Konstruktions- und Produktionsphase und/oder für das Asset Management genutzt werden können.	DIN EN ISO 19650
gemeinsam genutzt (*engl. shared*)	Zustand einer Komponente des CDE (Gemeinsame Datenumgebung). Der gemeinsam genutzte Informationsbereich eines CDEs enthält die Informationen, die anderen Beteiligten zur Verfügung gestellt werden. Der Bereich ist gesichert, um nur einer definierten Gruppe von Beteiligten Zugang zu geben. Eine frühe Freigabe von gemeinsam nutzbaren Informationen fördert die Entwicklung von Planungsleistungen. Um dies zu ermöglichen, wird ein Informationsstatus-Konzept eingeführt.	DIN EN ISO 19650, VDI 2552
Volumen (*engl. space (BIM)*)	physikalisch oder fiktiv definierte, begrenzte räumliche Ausdehnung	DIN EN ISO 19650-1: 2019 Abschnitt 3.1.2 [Quelle ISO 12006-2: 2015, 3.1.8]

Begriff (*engl.*)	Definition	Quelle
Statuscode (*engl. status code (BIM)*)	Metadaten, die die Eignung des Inhalts eines Informationscontainers (3.3.12) beschreiben	DIN EN ISO 19650-1: 2019 Abschnitt 3.3.13
Informations-bereitstellungs-plan für das Auf-gabenteam (*engl. TIDP (en) task information delivery plan*)	Plan von Informationscontainern und Liefer-terminen für ein bestimmtes Aufgabenteam	ISO 19650-1 Abschnitt 3.4.4
auslösendes Ereignis (*engl. trigger event (BIM)*)	geplantes oder ungeplantes Ereignis, das ein Asset oder seinen Zustand während seines Lebenszyklus verändert, was zu einem Informationsaustausch führt Anmerkung 1 zum Begriff: Während der Bereit-stellungsphase spiegeln auslösende Ereignisse in der Regel das Ende von Projektphasen wider.	DIN EN ISO 19650-1: 2019 Abschnitt 3.2.13
unter Bearbeitung (*engl. work in progress*)	Zustand einer Komponente des CDE (Gemeinsame Datenumgebung), Information im Zustand „unter Bearbeitung“, wenn sie von einem Verantwortlichen oder einer Arbeits-gruppe erstellt wird und nicht von Dritten ein-gesehen werden kann.	DIN EN ISO 19650

3.2.3 Begriffe zu Beteiligten und Werkzeugen

Die handelnden Beteiligten (*engl. actors)* und ihre benutzten Werkzeuge (*engl. tools*) im Informationsmanagement werden in Kapitel 4.4 und 4.5 erläutert.

Tabelle 4: Begrifflichkeiten zu Beteiligten und Werkszeugen nach DIN EN ISO 19650

Begriff (*engl.*)	Definition	Quelle
Akteur (*engl. actor)*	Person, Organisation oder Organisations-einheit, die an einem Bauprozess beteiligt ist Anmerkung 1 zum Begriff: Zu den Organisationseinheiten gehören unter anderem Abteilungen und Teams. Anmerkung 2 zum Begriff: Im Rahmen die-ses Dokuments finden die Bauprozesse während der Bereitstellungsphase (3.2.11) und der Betriebsphase (3.2.12) statt.	DIN EN ISO 19650-1:2019 Abschnitt 3.2.1 [QUELLE: ISO 29481-1:2016, 3.1 – geändert – Die Wörter in Klammern (z. B. eine Abteilung, Team usw.) wurden gestrichen und die Anmerkungen 1 und 2 zum Begriff wurden auf-genommen.]

Begriff (*engl.*)	Definition	Quelle
Informations-bereitsteller *(engl. appointed party)*	Anbieter von Informationen (3.3.1) über Arbeiten, Waren oder Dienstleistungen Anmerkung 1 zum Begriff: Für jedes Bereitstellungsteam (3.2.6) sollte ein federführender Informationsbereitsteller benannt werden. Dieser kann auch eines der Aufgabenteams (3.2.7) sein. Anmerkung 2 zum Begriff: Dieser Begriff wird verwendet, unabhängig davon, ob eine formale Informationsbestellung (3.2.2) zwischen den Parteien vorliegt oder nicht.	DIN EN ISO 19650-1:2019 Abschnitt 3.2.3
Informations-besteller *(engl. appointing party)*	Empfänger von Informationen (3.3.1) über Arbeiten, Waren oder Dienstleistungen von einem federführenden Informationsbereitsteller (3.2.3) Anmerkung 1 zum Begriff: In einigen Ländern kann der Informationsbesteller als Auftraggeber (3.2.5), Eigentümer oder Arbeitgeber bezeichnet werden, aber der Informationsbesteller ist nicht auf diese Funktionen beschränkt. Anmerkung 2 zum Begriff: Dieser Begriff wird verwendet, unabhängig davon, ob eine formale Informationsbestellung (3.2.2) zwischen den Parteien vorliegt oder nicht.	DIN EN ISO 19650-1:2019 Abschnitt 3.2.4
Informations-bestellung *(engl. appointment)*	Vereinbarung über die Bereitstellung von Informationen (3.3.1), die Arbeiten, Waren oder Dienstleistungen betreffen Anmerkung 1 zum Begriff: Dieser Begriff wird verwendet, unabhängig davon, ob es eine formale Vereinbarung zwischen den Parteien gibt oder nicht.	DIN EN ISO 19650-1:2019 Abschnitt 3.2.2
Leistungsvermögen *(engl. capability (BIM))*	Maßstab für Leistungs- und Funktionsfähigkeit Anmerkung 1 zum Begriff: Im Rahmen dieses Dokuments bezieht sich dies auf Fähigkeiten, Kenntnisse oder Erfahrungen im Umgang mit Informationen (3.3.1).	DIN EN ISO 19650-1:2019 Abschnitt 3.3.18 [QUELLE: ISO 6707-1:2017, 3.7.1.11, modifiziert. Die Anmerkung 1 zum Begriff wurde aufgenommen.]

Begriff (*engl.*)	**Definition**	**Quelle**
Kapazität *(engl. capacity (BIM))*	Ressourcen, die für die Durchführung und für Funktionen zur Verfügung stehen Anmerkung 1 zum Begriff: Im Zusammenhang mit diesem Dokument geht es um Mittel, Ressourcen und Verfahren zur Verwaltung von Informationen (3.3.1).	DIN EN ISO 19650-1:2019 Abschnitt 3.3.19 [angepasst an ISO 6707-1: 2017 Definition der Fähigkeit]
Auftraggeber *(engl. client [BIM))*	Akteur (3.2.1), der für die Initiierung eines Projekts und die Genehmigung eines Auftrags verantwortlich ist	DIN EN ISO 19650-1:2019 Abschnitt 3.2.5
Gemeinsame Datenumgebung *(engl. CDE (en) common data environment)*	vereinbarte Umgebung für Informationen (3.3.1) für ein bestimmtes Projekt oder für ein Asset (3.2.8), um jeden Informationscontainer (3.3.12) über einen verwalteten Prozess zu sammeln, zu verwalten und zu verbreiten Anmerkung 1 zum Begriff: Ein gemeinsamer Datenumgebungs(CDE)-Workflow beschreibt die zu verwendenden Prozesse und eine gemeinsame Datenumgebungs(CDE)-Lösung kann die Technologie zur Unterstützung dieser Prozesse bereitstellen.	DIN EN ISO 19650-1:2019 Abschnitt 3.3.15
Bereitstellungsteam (Erbringer) *(engl. delivery team)*	federführender Informationsbereitsteller (3.2.3) und beteiligte Informationsbereitsteller Anmerkung 1 zum Begriff: Ein Bereitstellungsteam kann beliebig groß sein, von einer Person, die alle notwendigen Funktionen ausführt, bis hin zu komplexen, vielschichtigen Aufgabenteams (3.2.7). Die Größe und Struktur der einzelnen Bereitstellungsteams richtet sich nach dem Umfang und der Komplexität des Asset Managements oder der Projektabwicklung. Anmerkung 2 zum Begriff: Je nach Umfang und Komplexität des Asset-Managements oder der Projektabwicklung können mehrere Bereitstellungsteams gleichzeitig und/oder sequenziell im Zusammenhang mit einem einzelnen Asset oder Projekt eingesetzt werden. Anmerkung 3 zum Begriff: Ein Bereitstellungsteam kann aus mehreren Aufgabenteams bestehen, die der Organisation des federführenden Informationsbereitstellers oder jedes Informationsbereitstellers entstammen.	DIN EN ISO 19650-1:2019 Abschnitt 3.2.6

Begriff (*engl.*)	**Definition**	**Quelle**
	Anmerkung 4 zum Begriff: Ein Bereitstellungsteam kann von dem Informationsbesteller (3.2.4) anstatt vom federführenden Informationsbereitsteller zusammengestellt werden.	
Master-Informationsbereitstellungsplan *(engl. MIDP (en) master information delivery plan)*	Plan, der alle relevanten aufgabenbezogenen Informationsbereitstellungspläne (3.1.3.4) enthält	DIN EN ISO 19650-2:2019 Abschnitt 3.1.3.3
Projektteam *(engl. project team (BIM))*	Informationsbesteller und alle Lieferteams	DIN EN ISO 19650-2:2019 Abschnitt 3.1.2.1
Verantwortlichkeitsmatrix *(engl. responsibility matrix (BIM))*	Matrix, die die anteilige Verantwortlichkeit der verschiedenen Funktionen bei der Fertigstellung der Aufgaben oder Informationsbereitstellungsleistungen beschreibt. Anmerkung 1 zum Begriff: Eine Verantwortlichkeitsmatrix kann neben der Verpflichtung zur Erledigung von Aufgaben oder Informationsbereitstellungsleistungen auch Zuständigkeit, Beratung und Kenntnisnahme beinhalten.	DIN EN ISO 19650-1:2019 Abschnitt 3.1.1 [QUELLE: ISO 37500:2014, 3.16 – modifiziert -- Das Wort „roles" wurde durch „functions" ersetzt und die Wörter „for an outsourcing arrangement" wurden gestrichen. Die Anmerkung 1 zum Begriff wurde ergänzt.]
Informationsbereitstellungsplan für das Aufgabenteam *(engl. TIDP (en) task information delivery plan)*	Plan von Informationscontainern und Lieferterminen für ein bestimmtes Aufgabenteam	ISO 19650-1 Abschnitt 3.4.4
Aufgabenteam *(engl. task team (BIM))*	Individuen, die sich zur Ausführung einer bestimmten Aufgabe zusammengefunden haben oder zusammengestellt wurden	DIN EN ISO 19650-1:2019 Abschnitt 3.2.7

3.3 Zusätzliche Begriffe und Definitionen in diesem Kommentar

Im Nachgang zur Veröffentlichung der DIN EN ISO 19650 hat sich herausgestellt, dass einige Begriffe sowohl im Englischen wie im Deutschen nicht immer eindeutig definiert sind. Oftmals ist von einer nicht existierenden Übereinkunft ausgegangen worden. Um diesem Umstand abzuhelfen, ist eine Begriffsdatenbank als zusätzliches Hilfsmittel eingeführt worden. In dieser Datenbank werden derzeit alle infrage kommenden und/oder mehrdeutigen Begriffe durch beteiligte Normierungsexperten eingetragen und gepflegt. Zunächst erstreckt sich diese Arbeit auf die englischen und deutschen Begriffe.

Die nachfolgende Liste ist ein Auszug aus dieser Datenbank. Die Reihenfolge ist nicht alphabetisch, sondern richtet sich nach dem erstmaligen Vorkommen im Text.

Tabelle 5: Zusätzliche Begriffe und Definitionen nach DIN EN ISO 19650

Abk.	*term engl.*	Begriff	Definition	Quelle/ Anmerkung
	as-built	wie gebaut	tatsächlich abgelieferte Leistung	der englische Term ist auch im Deutschen allgemein gebräuchlich
OPEX	*Operational Expenditure*	Betriebsausgaben	Aufwendungen in der Betriebsphase	
CAPEX	*Capital Expenditure*	Investitionsausgaben	Aufwendungen durch Einsatz von Kapital	
ERP	*Enterprise Resource Planning*	Bedarfsplanung	unternehmerische Aufgabe, Personal und Ressourcen wie Kapital, Betriebsmittel, Material und Informations- und Kommunikationstechnik im Sinne des Unternehmenszwecks rechtzeitig und bedarfsgerecht zu planen, zu steuern und zu verwalten	die englische Abkürzung ist auch im Deutschen allgemein gebräuchlich, wikipedia 2022-02-23
	business plan	Geschäftsplan	Schriftstück, das Geschäftsmöglichkeiten mit ihren Risiken und Chancen aufzeigt sowie Maßnahmen beschreibt, um die hieraus resultierenden künftigen Geschäfte nutzen zu können	wikipedia 2022-02-23
	living document	fortzuschreibende Dokumentation	Dokumente, die einer ständigen Anpassung unterliegen	der englische Term ist auch im Deutschen allgemein gebräuchlich

Abk.	*term engl.*	Begriff	Definition	Quelle/ Anmerkung
	information delivery	Informations (aus)lieferung (Handlung)		ISO 19650-1:2018
	information deliverable	Informations-lieferung (Gegenständ-lichkeit)		ISO 19650-1:2018
PDCA	*Plan-Do-Check-Act cycle*	Zyklus des Planens-Umsetzens-Überprüfens-Handelns	vierphasiger Kreisprozess zur System-Verbesserung	
	lessons learned	Erkenntnis-gewinne	Handlungsphase, in der gewonnene Erkenntnisse der vorhergehenden Phasen wieder in zukünftige Vorhaben einfließen	im englischen Projekt-management fest etablierte Phase
	digital twin	Digitaler Zwilling	digitale Repräsentanz einer realen Entität	
IDP	*information delivery plan*	Informations-lieferplan	living document zur Protokollierung von Informationslieferungen	
	level of appointment	Ebene der Informations-bestellung	Hierarchieebene in einer vertraglichen Abhängigkeits-struktur	
	information management function	Informations-management-funktion	schematische Beschreibung einer Aufgabenstellung	
	use case	Anwendungs-fall	Instanz einer Funktion zur Erfüllung einer Aufgabe in einem System	
	responsibility	Verantwort-lichkeit, Ver-antwortung	im Deutschen zwei unter-schiedliche Begriffe: Ver-antwortlichkeit beschreibt die Zuweisung von Verantwortung (Schema-Instanz-Konzept)	
	review	Prüfung und Bewertung	Prozess der Prüfung und Bewertung (im Englischen als ein Vorgang aufgefasst)	

Abk.	*term engl.*	Begriff	Definition	Quelle/ Anmerkung
RACI	*Responsible-Accountable-Consulted-Informed (RACI) matrix*	Verantwortlichkeitsmatrix	gewichtete Zuordnungstabelle von Aufgaben und zugeordneten Personen	die RACI-Gewichtung kann erweitert bzw. modifiziert werden
	workflow within a Common Data Environment (CDE)	Prozessablauf (CDE)	Prozessablauf, der gemeinsame Produktion, Verwaltung, Weitergabe und Austausch von Informationen in einer CDE während der Betriebs- und Projektphasen unterstützt.	
	validation	Validierung	Prozess, der die Existenz überprüft	siehe auch GxP Spezifikationen
	verification	Verifizierung	Prozess, der die Richtigkeit überprüft	siehe auch GxP Spezifikationen

4 Inhalte, Konzepte und Umsetzungen

Die nachfolgenden Kapitel beziehen sich auf die veröffentlichte Fassung 2019-01 der DIN EN ISO 19650-1. Für das Jahr 2024 ist eine Überarbeitung der ISO 19650 Teil 1 geplant. Dadurch ist mit einer Revision der DIN EN ISO 19650 Teil 1 im Jahr 2026 zu rechnen.

Teil 1 der DIN EN ISO 19650 hat im Englischen den Titel „concept and principles". Hierzu muss man wissen, dass das englische „concept" im Deutschen sowohl als „Konzept" wie auch als „Begrifflichkeit" verstanden werden kann. Der erste Teil der Normenreihe liefert uns die grundlegenden Begrifflichkeiten, deren Definitionen und die dazugehörigen Konzepte. Letzteres ist vielleicht der signifikanteste Inhalt dieser Norm. Denn der Paradigmenwechsel zur Digitalisierung der Wertschöpfungskette Planen, Bauen und Betreiben bzw. zur Lebenszyklusbetrachtung eines Assets in DIN EN ISO 19650 errichtet ein neues Gedankengebäude, das für viele ungewohnt ist. Es ist die Aufgabe dieses Dokuments, die Unkenntnis darüber abzubauen und Orientierung zu geben.

4.1 Vorbemerkung zur Reihenfolge der Kapitel

Schon beim kurzen Überfliegen des untenstehenden originären Inhaltsverzeichnisses von Teil 1 scheinen die Themen in unsortierter Reihenfolge notiert zu sein. Dies ist – wie bereits in der Einführung geschildert – dem Zeitdruck geschuldet, unter dem diese umfangreiche Norm erstellt werden musste. Gegen Ende des ISO-Zeitfensters konnten nur noch die notwendigsten Umstellungen im Konsens realisiert werden.

Reihenfolge der Hauptkapitel der DIN EN ISO 19650, Teil 1 (eingekürzt):

4 Asset- und Projektinformationen, Sichtweisen und kollaboratives Arbeiten

5 Informationsanforderungen, Informationsmodelle

6 Informationsbereitstellungszyklus

7 Projekt- und Asset-Informationsmanagementfunktionen

8 Bereitstellungsteams

9 Kollaboratives Arbeiten, Informationscontainer

10 Informationsbereitstellungsplanung

11 Informationserzeugung

12 Gemeinsame Datenumgebung (CDE)

13 Zusammenfassung von „BIM nach ISO 19650"

Gesamtes Inhaltsverzeichnis des Teils 1 mit Unterabschnitten

DIN EN ISO 19650-1:2019-08 | EN ISO 19650-1:2018 (D)

Inhalt

6.3.5 Zusammenfassung der Informationsbereitstellung von Projekt- und Asset-Bereitstellungsteams
7 Projekt- und Asset-Informationsmanagementfunktionen
7.1 Grundsätze
7.2 Asset-Informationsmanagementfunktionen
7.3 Funktionen des Projekt-Informationsmanagements
7.4 Informationsmanagementfunktionen für Aufgaben
8 Fähigkeit und Kapazität des Bereitstellungsteams
8.1 Grundsätze
8.2 Umfang der Fähigkeits- und Kapazitätsprüfung
9 Kollaboratives Arbeiten auf Basis von Informationscontainern
10 Informationsbereitstellungsplanung
10.1 Grundsätze
10.2 Zeiteinteilung der Informationsbereitstellung
10.3 Verantwortlichkeitsmatrix
10.4 Festlegung der Federationsstrategie und des Strukturschemas für Informationscontainer
11 Management der kollaborativen Erzeugung von Informationen
11.1 Grundsätze
11.2 Informationsbedarfstiefe
11.3 Informationsqualität
12 Gemeinsame Datenumgebung – Lösungen und Arbeitsablauf
12.1 Grundsätze
12.2 Der Status „in Bearbeitung“
12.3 Der Status-Übergang „Prüfen/Bewerten/Freigeben“
12.4 Der Status „geteilt“
12.5 Der Status-Übergang „Überprüfung/Autorisierung“
12.6 Der Status „veröffentlicht“
12.7 Der Status „archiviert“
13 Zusammenfassung von „BIM nach ISO 19650“
Anhang A (informativ) Beschreibungen von Federationsstrategien und Strukturschemen für Informationscontainer
A.1 Allgemeines
A.2 Gleichzeitiges Arbeiten
A.3 Informationssicherheit
A.4 Informationsübertragung
Literaturhinweise

Durch eine neue Gruppierung (ohne die Reihenfolge zu ändern) und durch Ergänzungen (aus anderen Abschnitten) bietet dieser Kommentar einen „roten Faden“, der in der Norm selbst nicht zu erkennen ist. Dieses Dokument teilt die Abschnitte in vier Gruppen ein – unter weitgehender Beibehaltung der Kapitelreihenfolge aus der ursprünglichen Norm (in Klammern):

4.2 Asset-Lebenszyklus, Informationsanforderungen und -modelle (Kapitel 4 und 5)

4.3 Informationsbereitstellung (Kapitel 6 und 7)

4.4 Beteiligte im Informationsmanagement (Kapitel 8 und 9)

4.5 Informationen und Informationswerkzeuge (Kapitel 10 bis 12)

Nach dieser Vorbemerkung werden im Kapitel 4.2 die für alle weiteren Abschnitte grundlegenden Konzepte, Informationsanforderungen und Informationsmodelle erklärt. Die dann folgenden drei Kapitel 4.3,4.4 und 4.5 greifen – wie auch in der Norm selbst – ineinander und bilden einen logischen Zyklus. Dieser Kommentar folgt der obigen konsekutiven Gliederung. Vom Verständnis her ist es aber möglich, an jeder Stelle einzusteigen und den Zyklus zu durchlaufen. Dieses Kapitel 4 schließt mit einer Zusammenfassung in 4.6 – in der Norm selbst ist die Zusammenfassung in Kapitel 13 zu finden.

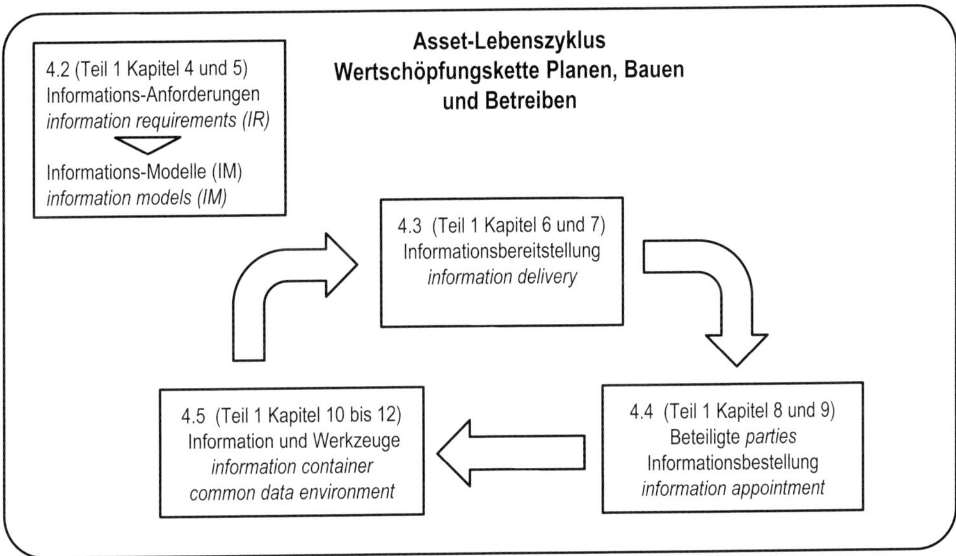

Quelle: Volker Krieger

Bild 11: Orientierungsschema und Struktur zu diesem Dokument und zum Verständnis der DIN EN ISO 19650 Teil 1 (CC-BY-NC-SA 3.0)

Ausgehend vom Asset-Lebenszyklus als grundlegendes Paradigma werden in Kapitel 4.2 zunächst die darin wichtigsten Informationselemente – **Anforderungen (*engl. requirements*) und Modelle (*engl. models*)** behandelt. Im nächsten Schritt wird die **Bereitstellung bzw. Lieferung (*engl. delivery/deliverables*)** in Kapitel 4.3 erklärt – als Antwort auf die Anforderungen und unterstützt durch die Modelle. Dann wird in Kapitel 4.4 im Detail eingegangen auf die **Beteiligten (*engl. parties*)**. Zuletzt werden in Kapitel 4.5 **Informationen und Werkzeuge (*engl. plans, environments*)** behandelt. Die Zusammenfassung erfolgt in Kapitel 4.6.

Hinweis 8

Anmerkung zur Reihenfolge der Zitate

Der Leser des Kommentars wird feststellen, dass an einigen Stellen die Originalzitate nicht aus den entsprechenden Kapiteln im vorgegebenen Orientierungsschema stammen. So wird z. B. die „Planung der Informationsbereitstellung" im Teil 1 in Abschnitt 6.3 und Kapitel 10 besprochen. Dieser Umstand ist der Tatsache geschuldet, dass die einzelnen Kapitel nicht konsekutiv erarbeitet wurden und manche Passagen in der Norm an mehreren Stellen vorstellbar sind. In diesem Kommentar werden diese Passagen zu einer konsistenten Darstellung und für ein besseres Verständnis zusammengezogen. In diesem Kommentar werden also einige Zitate aus der Norm nicht in der ursprünglichen Reihenfolge übernommen.

4.2 Asset-Lebenszyklus, Informationsanforderungen und -modelle (Teil 1, Kapitel 4 und 5)

Dieses Kapitel befasst sich mit Kontext und der „Umgebung" (*engl. environment*), in der ein Informationsmanagement nach DIN EN ISO 19650 gelebt wird. Wesentliche Elemente dieser „Landschaft" sind

- Asset-Lebenszyklus,
- Informationsanforderungen und
- Informationsmodelle.

Informationsanforderungen sind die grundlegenden Ausgangspunkte für ein Informationsmanagement nach DIN EN ISO 19650. Das Ergebnis oder die Antworten auf die Anforderungen sind Modelle. Bild 12 (*the „blue figure"*) aus Teil 1 fasst alle Anforderungen und Modelle nach 19650 in prägnanter und kompakter Weise zusammen.

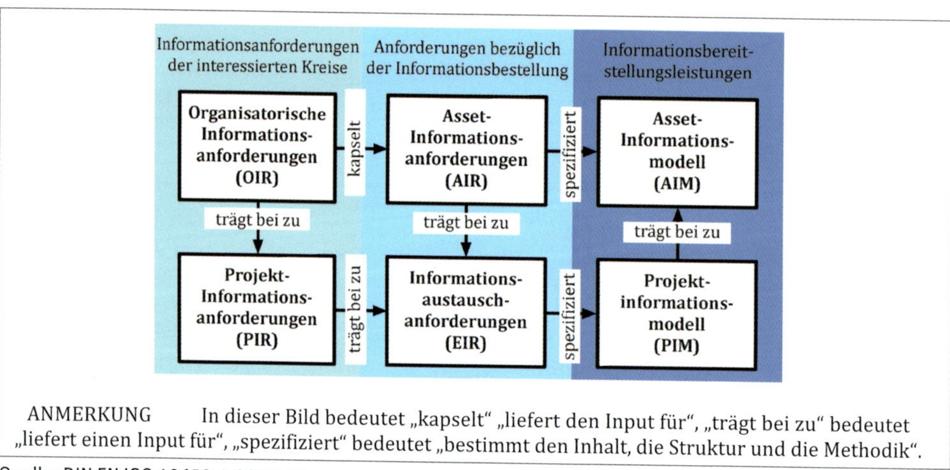

Quelle: DIN EN ISO 19650-1:2019-08

Bild 12: Informationsanforderungen und Informationsmodelle in der DIN EN ISO 19650 (Bild 2)

Anstelle dieser kompakten (tatsächlich aus Platzgründen gewählten) Darstellung ist die frühere Darstellung der PAS 1192 zum Verständnis hilfreich. Dort sind die drei Ebenen Organisation, Betrieb und Planung klarer zu erkennen.

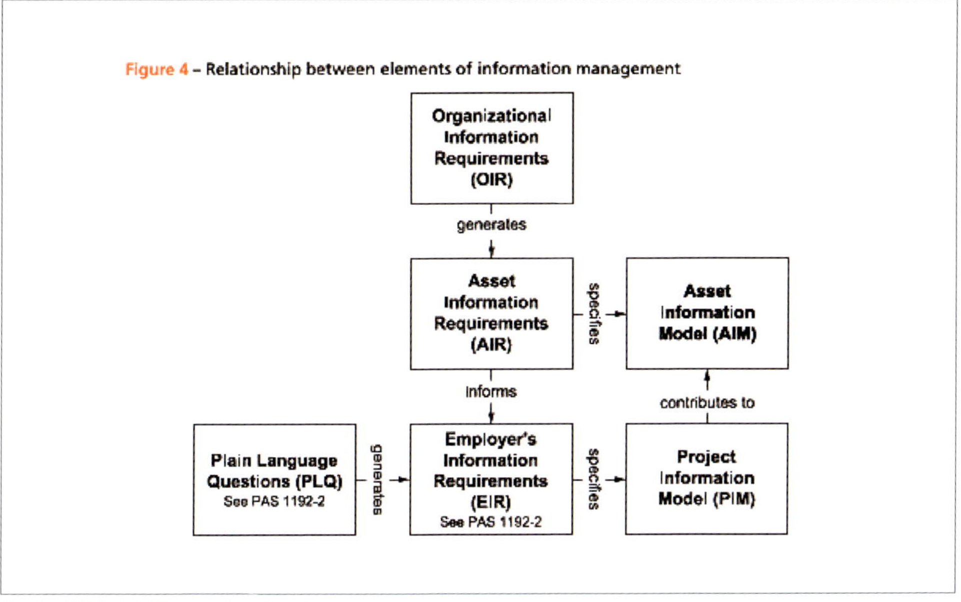

Quelle: UK PAS 1192 – corrigendum 1

Bild 13: Informationsanforderungen und Informationsmodelle in der inzwischen zurückgezogenen UK PAS 1192 (Figure 4). Hier sind noch die „*plain language questions*" erwähnt. Es ist zu erkennen, dass eine Betrachtung aus verschiedenen Blickwinkeln (Perspektiven) das Verständnis fördert.

Eine bessere und richtigere Darstellung der Verhältnisse zwischen den Informationsanforderungen und den Informationsmodellen findet sich in DIN EN ISO 19650-3:2021 (Teil 3). Asset-Informationsanforderungen und Projekt-Informationsanforderungen werden gleichberechtigt aus den Organisatorischen Informationsanforderungen abgeleitet und münden gleichberechtigt in den detaillierten Austausch-Informationsanforderungen, welche selbst dann wieder die jeweiligen Informationsmodelle erfordern. Dabei deutet die gestrichelte Linie schon an, dass Asset- und Projekts-Informationsmodelle ineinander übergehen können. Im Sinne einer konsistenten und persistenten Datenhaltung, ohne Rücksicht auf Datenvolumina und bei entsprechender Strukturierung (z. B. durch Nutzung von ISO 16739 „IFC") ist sogar ein einziges Informationsmodell – allerdings mit mehreren Ansichten – denkbar.

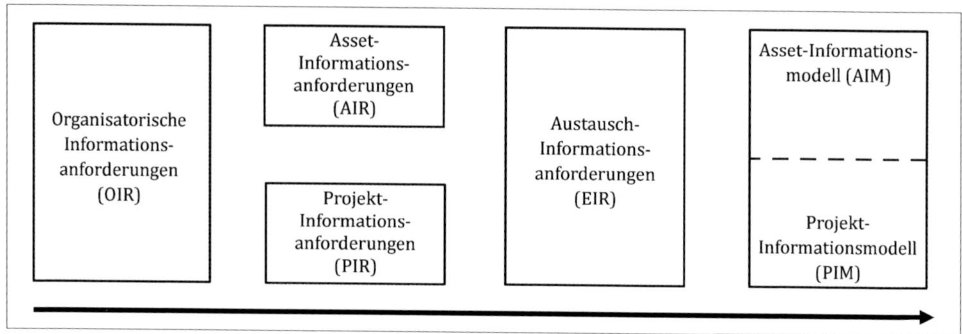

Quelle: DIN EN ISO 19650-3:2021-03

Bild 14: Aus Einleitung von DIN EN ISO 19650 Teil 3

Der Kontext, in dem das Schema der „blue figure" (Bild 2 in DIN EN ISO 19650 und Bild 12 hier) bzw. das „weiße" Schema aus der Einführung der DIN EN ISO 19650-3 (Teil 3), zu betrachten ist, wird im ersten Abschnitt des Teils 1 in Kapitel 4.1 beschrieben. Die wichtigsten Begriffe des Schemas – Informationsanforderung, Informationsmodell und (Informations-)Lebenszyklus – sind hier erstmals genannt.

4 Asset- und Projektinformationen, Sichtweisen und kollaboratives Arbeiten

4.1 Grundsätze

Asset- und Projekt-Informationsmodelle sind die strukturierten Repositorien, die für Entscheidungen während des gesamten Lebenszyklus eines Assets in seiner Umwelt benötigt werden. Dazu gehören die Planung und der Bau neuer Assets, die Sanierung bestehender sowie der Betrieb und die Instandhaltung solcher. Es sollte erwartet werden, dass die Menge an Informationen, die in Informationsmodellen gespeichert sind, und die verschiedenen Zwecke, für die sie verwendet werden, während der Projektdurchführung und des Asset-Managements zunehmen werden.

Asset- und Projekt-Informationsmodelle können strukturierte und unstrukturierte Informationen enthalten. Beispiele für strukturierte Informationen sind geometrische Modelle, Zeitpläne und Datenbanken. Beispiele für unstrukturierte Informationen sind Dokumentationen, Videoclips und Tonaufnahmen. Physikalische Informationsquellen, wie Boden- und Produktproben, sollten mit Hilfe des Informationsmanagementprozesses, der in diesem Dokument beschrieben wird, durch entsprechende Querverweise, z. B. Probennummern, verwaltet werden.

Bei den meisten Projekten handelt es sich um Arbeiten an einem bestehenden Asset, auch wenn es sich um ein bisher unbebautes Grundstück handelt. Diese Projekte sollten einige bereits vorhandene Informationen über das Asset enthalten, um die Entwicklung der Projektbeschreibung zu unterstützen und für die mit dem Projekt betrauten federführenden Informationsbereitsteller zur Verfügung zu stehen.

Informationsmanagementprozesse innerhalb dieses Dokuments umfassen die Übertragung relevanter Informationen zwischen einem Asset-Informationsmodell (AIM) und einem Projekt-Informationsmodell (PIM) zu Beginn und am Ende eines Projekts.

Asset- und Projektinformationen haben einen erheblichen Wert für die Informationsbesteller, für die federführenden Informationsbereitsteller und die Informationsbereitsteller, die mit dem Asset-Management und der Projektdurchführung befasst sind. Dies gilt auch dann, wenn keine formellen Ernennungen vorliegen. Zu den bestellenden, federführend bereitstellenden und bereitstellenden Parteien gehören die Eigentümer, Betreiber und Verwalter von Assets sowie diejenigen, die Planungs- und Bauprojekte durchführen. Asset- und Projektinformationen sind auch für politische Entscheidungsträger, Aufsichtsbehörden, Investoren, Versicherer und andere externe Parteien wertvoll.

Die in diesem Dokument enthaltenen Konzepte und Grundsätze sollten in einer Weise angewendet werden, die dem Umfang und der Komplexität des Assets oder des Projekts angemessen ist.

Die in Bild 14 und in Teil 1 und 2 und in Teil 1, Kapitel 4, eingeführten Kernelemente sind im Einzelnen:

- Organisatorische Informationsanforderung (OIR),
- Asset-Informationsanforderung (AIR),
- Projekt-Informationsanforderung (PIR),
- Austausch-Informationsanforderung (EIR),
- Asset-Informationsmodell (AIM) und
- Projekt-Informationsmodell (PIM).

Sie finden sich auch wieder in Teil 1, Kapitel 5.2 bis 5.7. Im Folgenden werden diese Elemente und der Kontext, in dem diese stehen, näher erläutert.

4.2.1 Organisatorische Informationsanforderungen (OIR)

Organisatorische Informationsanforderungen (OIR) sind der Ausgangspunkt jeglicher Überlegungen und Maßnahmen beim Informationsmanagement nach DIN EN ISO 19650. Sie müssen grundsätzlich zuerst erstellt werden. Daran ist zu erkennen, dass BIM (auch) vom Management gelebt werden muss und nicht alleinige Aufgabe einer untergeordneten Abteilung sein kann.

5.2 Organisatorische Informationsanforderungen (OIR)

Organisatorische Informationsanforderungen (OIR) erläutern die Informationen, die zum Erreichen der übergeordneten strategischen Ziele des Informationsbestellers erforderlich sind. Diese Anforderungen können aus einer Vielzahl von Gründen entstehen, unter anderem:

- strategische Geschäftstätigkeit;
- strategisches Asset-Management;
- Portfolioplanung;

- regulatorische Aufgaben; oder
- Strategieentwicklung und -umsetzung.

Organisatorische Informationsanforderungen können aus anderen Gründen als dem Asset-Management bestehen, z.B. im Zusammenhang mit der Vorlage von Jahresabschlüssen. Diese organisatorischen Informationsanforderungen werden in diesem Dokument nicht weiter betrachtet.

Vereinfacht wird diese Aufgabe dadurch, dass in vielen Fällen die oben aufgeführten Anforderungen im Sinne einer bewussten Geschäftstätigkeit bereits formuliert sind (bzw. „sein sollten"). Oftmals ist dann nur wenig Aufwand zu betreiben, um diese „normalen" Anforderungen in eine Struktur zu bringen, die für die weiteren Schritte nützlich ist. Besonders hilfreich ist ein digitalisiertes Qualitätsmanagement nach ISO 9000 (siehe auch Kapitel 1.4 und 2).

Die organisatorischen Informationsanforderungen sind von existierenden Geschäftsplänen (*engl. business plan*), einer Geschäftsstrategie (*engl. business strategy*) und/oder aus einem ERP-System (*engl. Enterprise Resource Planning*) ableitbar.

Aus den Organisatorischen Informationsanforderungen einer Unternehmung lassen sich weitere Informationsanforderungen ableiten. Diese unterteilen sich in Informationsanforderungen für die planende und operative Phase.

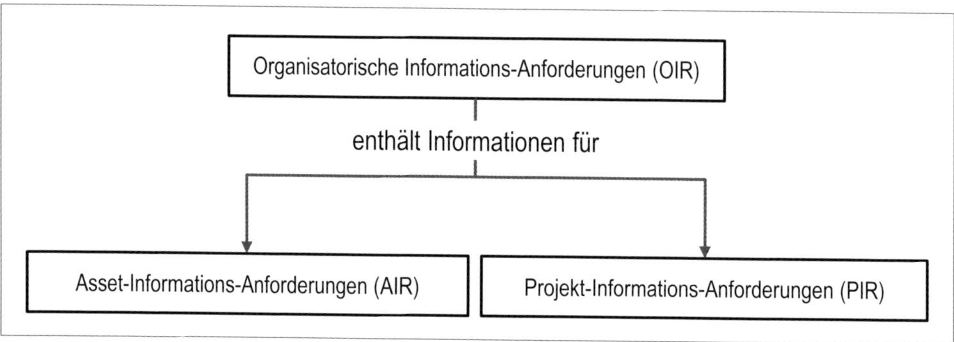

Quelle: Volker Krieger

Bild 15: Aus OIR folgen AIR und PIR (CC-BY-NC-SA 3.0)

Aufgabe 2

Übung: Organisatorische Informationsanforderungen

Ableiten von Organisatorischen Informationsanforderungen aus vorhandenen Informationen in der Organisation wie nachfolgend aufgeführt:

- Besorgen Sie sich grundlegende Dokumente wie Businessplan, Geschäftsberichte, Strategiedokumente etc.

- Definieren Sie konkrete (Inhalte von) Anforderungen (Informationen) durch Einnehmen der verschiedenen Perspektiven aus Tabelle 1 (hier Bild 8) der Norm (z. B. bei einer Baumaßnahme wie einer Laborflächenerweiterung). Aber keine projektspezifischen Anforderungen – diese werden erst im nächsten Schritt fällig.
- Fertigen Sie eine textliche oder tabellarische Zusammenstellung an. Mit welcher können Sie besser arbeiten? Welche ist verständlich und kann weitergegeben werden?

Vergessen Sie nicht, Prioritäten zu setzen, terminliche Vorgaben zu machen und Budgetrahmen zu nennen.

4.2.2 Asset-Informationsanforderungen (AIR)

Die Asset-Informationsanforderungen (AIR) führen zum Asset-Informationsmodell (AIM). So gesehen ist das Asset-Informationsmodell eine Konsequenz der organisatorischen Informationsanforderungen (OIR). Wird ein digitales Unternehmensmanagementsystem (ERP) benutzt, steht dieses in enger Wechselbeziehung zu Asset-Informationsmodell (AIM). Wegen des baulichen Bezugs – BIM steht für „Building" Information Modelling – werden beide Informationsmodelle nicht identisch, aber in vielen Dingen (hoffentlich) datenidentisch sein. Der Abgleich und die Schnittstellen zwischen ERP-Systemen und AIMs sind Gegenstand der Standardisierung von Gemeinsamen Datenumgebungen (CDE – *engl. Common Data Environment*).

5.3 Asset-Informationsanforderungen (AIR)

Asset-Informationsanforderungen (AIR) legen die betriebswirtschaftlichen, kaufmännischen und technischen Aspekte der Erstellung von Informationen für das Asset fest. Die betriebswirtschaftlichen und kommerziellen Aspekte sollten den Informationsstandard und die Erzeugungsmethoden und -verfahren umfassen, die vom Bereitstellungsteam umzusetzen sind.

Die technischen Aspekte der Asset-Informationsanforderungen spezifizieren die detaillierten Informationen, die erforderlich sind, um die Anforderungen an die bauwerksbezogenen organisatorischen Informationen zu erfüllen. Diese Anforderungen sollten so formuliert werden, dass sie in die Informationsbestellungen bezüglich des Assets eingearbeitet werden können, um die organisatorische Entscheidungsfindung zu unterstützen.

Ein Satz Asset-Informationsanforderungen sollte als Reaktion auf jedes auslösende Ereignis während des Asset-Betriebs vorbereitet werden und sich gegebenenfalls auch auf die Sicherheitsanforderungen beziehen.

Wenn es eine Lieferkette gibt, kann es sein, dass die Asset-Informationsanforderungen, die von einem federführenden Informationsbereitsteller empfangen werden, in eigene Informationsbestellungen unterteilt und weitergegeben werden. Asset-Informationsanforderungen, die von einem federführenden Informationsbereitsteller empfangen werden, können um eigene Informationsanforderungen erweitert werden.

Im Rahmen einer Asset-Management-Strategie und -Planung kann es mehrere verschiedene Informationsbestellungen geben. Die Asset-Informationsanforderungen aus all diesen Bereichen sollten einen einzigen kohärenten und koordinierten Satz von Informationsanforderungen bilden, der ausreicht, die organisatorischen Informationsanforderungen bezüglich des Assets zu erfüllen.

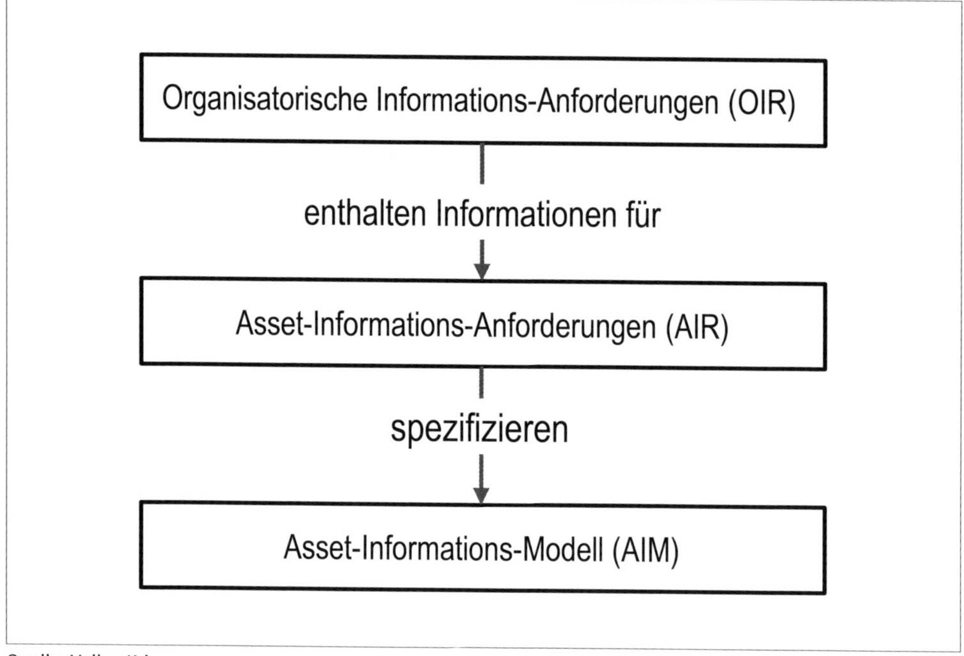

Quelle: Volker Krieger

Bild 16: Aus OIR folgt AIR folgt AIM (CC-BY-NC-SA 3.0)

Zur Vertiefung normativer Anwendung im Asset-Management wird DIN ISO 55000:2017-05 empfohlen.

4.2.3 Projekt- und Austausch-Informationsanforderungen (PIR und EIR)

Parallel, oft aber auch vorgeschaltet zur obigen geschilderten operativen Phase findet die sogenannte „Projekt"-Phase statt. Im Sinne eines Informationsmanagements nach DIN EN ISO 19650 wird darunter die Investitionsphase (CAPEX – *engl. capital expenditure* oder auch *delivery phase*) verstanden. Die Investitionsphase dient der Erschaffung des Assets – im Gegensatz zur operativen Phase (OPEX – *engl. operative expenditure*), in der Betriebskosten anfallen. Als CAPEX-Phase wird die Phase des Planens und Bauens angesehen – im Deutschen gemeinhin als „Projekt"-Phase bezeichnet. Die Unterteilung in Projekt-Phase und Asset-Management-Phase ist notwendig, weil sich Informationsanforderungen und Informationsmodelle der beiden Phasen voneinander unterscheiden.

Hinweis 9

Anmerkung zur Projektphase und zur Asset-Management-Phase

Die Unterscheidung zwischen Projektphase und Asset-Management-Phase ist grundsätzlich und wichtig zum Verständnis von DIN EN ISO 19650 (alle Teile). Als „Projekt" und „Projektphase" wird die Planungs- und Bauphase bezeichnet. DIN EN ISO 19650-2 bezieht sich darauf. Die nachfolgende Phase wird als „Asset-Management-Phase" bezeichnet. DIN EN ISO 19650-3 bezieht sich darauf.

In DIN EN ISO 19650 (alle Teile) unterteilt sich der Weg über die Informationsanforderungen der Projekt-Phase zum Projekt-Informationsmodell in drei Schritte:

1) **Organisatorische Informationsanforderung**

   behandelt strategische Ziele (des übergeordneten Managements) mit Bezug zum Bauvorhaben oder den Betriebsprozessen

   und hat Verbindung zum PIR.

2) **Projekt-Informationsanforderung (PIR)**

   behandelt projektspezifische Ziele mit Bezug zum spezifischen Bauvorhaben

   und hat Verbindung zum OIR und EIR.

3) **Austausch-Informationsanforderung (EIR)**

   behandelt einzelne technische Ziele in einem Bauvorhaben oder Betrieb

   und hat Verbindung zum PIR.

5.5.4 Projekt-Informationsanforderungen (PIR)

Die Projekt-Informationsanforderungen (PIR) erläutern die Informationen, die erforderlich sind, um auf die hochrangigen strategischen Ziele innerhalb des Informationsbestellers in Bezug auf ein bestimmtes Bauvorhaben zu reagieren oder als Grundlage dafür zu dienen. Projekt-Informationsanforderungen werden sowohl aus dem Projekt-Managementprozess als auch aus dem Asset-Managementprozess identifiziert.

Für jeden der wichtigen Entscheidungszeitpunkte der Informationsbesteller sollten während des Projekts eine Reihe von Informationsanforderungen erstellt werden.

Wiederholungsbesteller dürfen einen generischen Satz von Projekt-Informationsanforderungen entwickeln, der mit oder ohne Änderungen für alle ihre Projekte übernommen werden kann.

5.5.5 Austausch-Informationsanforderungen (EIR)

Die Anforderungen an den Informationsaustausch legen die betriebswirtschaftlichen, kaufmännischen und technischen Aspekte der Erstellung von Projektinformationen fest. Die betriebswirtschaftlichen und kommerziellen Aspekte sollten den Informationsstandard und die Erzeugungsmethoden und -verfahren umfassen, die vom Bereitstellungsteam umzusetzen sind.

Die technischen Aspekte der Austausch-Informationsanforderungen sollten die detaillierten Informationen enthalten, die erforderlich sind, um die Projekt-Informationsanforderungen zu erfüllen. Diese Anforderungen sollten so formuliert sein, dass sie in projektbezogene Informationsbestellungen einfließen können. Austausch-Informationsanforderungen sollten normalerweise mit auslösenden Ereignissen übereinstimmen, die den Abschluss einiger oder aller Projektphasen darstellen. Die Austausch-Informationsanforderungen sollten überall dort ermittelt werden, wo Informationsbestellungen vorgenommen werden. Insbesondere können die Austausch-Informationsanforderungen, die von einem federführenden Informationsbereitsteller erhalten werden, in eigene Informationsbestellungen unterteilt und an Informationsbereitsteller weitergegeben werden, und so weiter entlang der Lieferkette. Austausch-Informationsanforderungen, die von den Informationsbereitstellern, einschließlich der federführenden Informationsbereitsteller, erhalten werden, können um eigene Austausch-Informationsanforderungen erweitert werden. Einige der Austausch-Informationsanforderungen können an die eigenen Informationsbereitsteller weitergegeben werden, insbesondere wenn ein Informationsaustausch innerhalb eines Bereitstellungsteams erforderlich ist und diese Informationen unter Umständen nicht mit dem Informationsbesteller ausgetauscht werden.

In einem Projekt kann es mehrere verschiedene Informationsbestellungen geben. Die Austausch-Informationsanforderungen aus all diesen Informationsbestellungen sollten einen einzigen kohärenten und koordinierten Satz von Informationsanforderungen bilden, der ausreicht, um alle Projekt-Informationsanforderungen zu erfüllen.

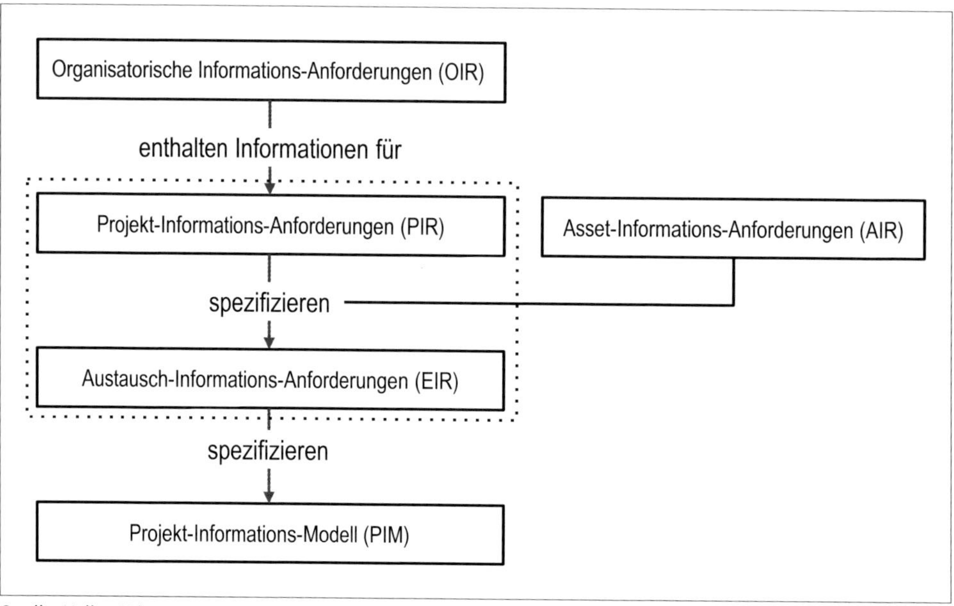

Quelle: Volker Krieger

Bild 17: OIR → PIR → EIR → PIM (CC-BY-NC-SA 3.0)

Der Dreischritt dient zur Unterscheidung von Informationsanforderungen mit und ohne direkten Bezug zum Informationsmodell. Im ersten Schritt werden die „übergeordneten" Informationsanforderungen mit Bezug zur Organisation definiert. Im zweiten Schritt werden die Informationsanforderungen mit Bezug zum Vorhaben als solchem definiert. Erst im dritten Schritt werden diese heruntergebrochen auf die Austausch-Informationsanforderungen (EIR – *engl. exchange information requirements*), welche dann das Informationsmodell der Projekt-Phase spezifizieren. Zusätzlich können dabei noch Informationsanforderungen aus der Asset-Management-Phase einfließen.

Tabelle 6: Unterschiede PIR und EIR (CC-BY-NC-SA 3.0)

	Organisatorische Informations-anforderungen (OIR)	**Projekt-Informations-anforderungen (PIR)**	**Austausch-Informations-anforderungen (EIR)**
spezifizieren Informations-Anforderung mit Bezug zu	übergeordnete Organisation (Eigentümer)	Projektbeteiligte	Informationsbestellung (Informationsleistung)
beachtete Ziele	hochrangig, strategisch	projektspezifisch, betriebswirtschaftlich, kaufmännisch	aufgabenspezifisch, technisch
werden beliefert von	Geschäftsplan, Geschäftsstrategie	OIR, AIR	PIR
beliefert	PIR	EIR	PIM
empfohlenes Format	textlich (ggf. tabellarisch)	tabellarisch	Datenbank (mit Bezug zu Informationslieferplänen (IDPs))

Zur Vertiefung der normativen Anwendung im Projekt-Management wird hier auch auf die DIN ISO 21500:2016-02 (Entwurf 2021-12) verwiesen.

4.2.4 Austausch-Informationsanforderungen (EIR) und BIM-Ausführungsplan (BEP)

In Teil 1 der DIN EN ISO 19650 findet sich der Begriff BIM-Ausführungsplan (*engl. BIM execution plan (BEP)*) an keiner Stelle. Erst in Teil 2 werden „Bereitstellung" und „Bestätigung" eines BIM-Ausführungsplans und vorläufigen BIM-Ausführungsplans erwähnt. Das ist insofern unglücklich, als Austausch-Informationsanforderung (EIR) und BIM-Ausführungsplan (BEP)[25] ein unzertrennliches Paar sind. Wir greifen deshalb der zukünftigen Kommentierung von Teil 2 vor und erläutern im Folgenden die Wechselwirkung zwischen EIR und BEP. Noch mehr ins Detail geht die inzwischen im CEN publizierte CEN/TR 17654 „Guideline for

25 Gemäß der Konvention und um den Wildwuchs an Abkürzungen über die verschiedenen Sprachen hinweg einzudämmen, werden nur die originalen englischen und keine deutschen Abkürzungen verwendet. BEP steht also für BIM Execution Plan und damit für BIM-Ausführungsplan.

the implementation of Exchange Information Requirements (EIR) and BIM Execution Plans (BEP) ", welche im Detail im Kapitel 5.3 besprochen wird.

Das Konzept aus EIR und BEP ist mit der Kombination aus Lasten- und Pflichtenheft in anderen Branchen vergleichbar[26]. In der Tat wurde eine explizite Beschreibung dieses Konzepts bei der Erstellung der ISO 19650 im Kreis der Editoren diskutiert, später aber wegen des zusätzlichen Erklärungsaufwands bei den zu knappen editoriellen Ressourcen wieder verworfen.

Das Zusammenspiel zwischen EIR und BEP lässt sich mit dem Wasserfall-Modell (auch V-Modell) gut beschreiben.

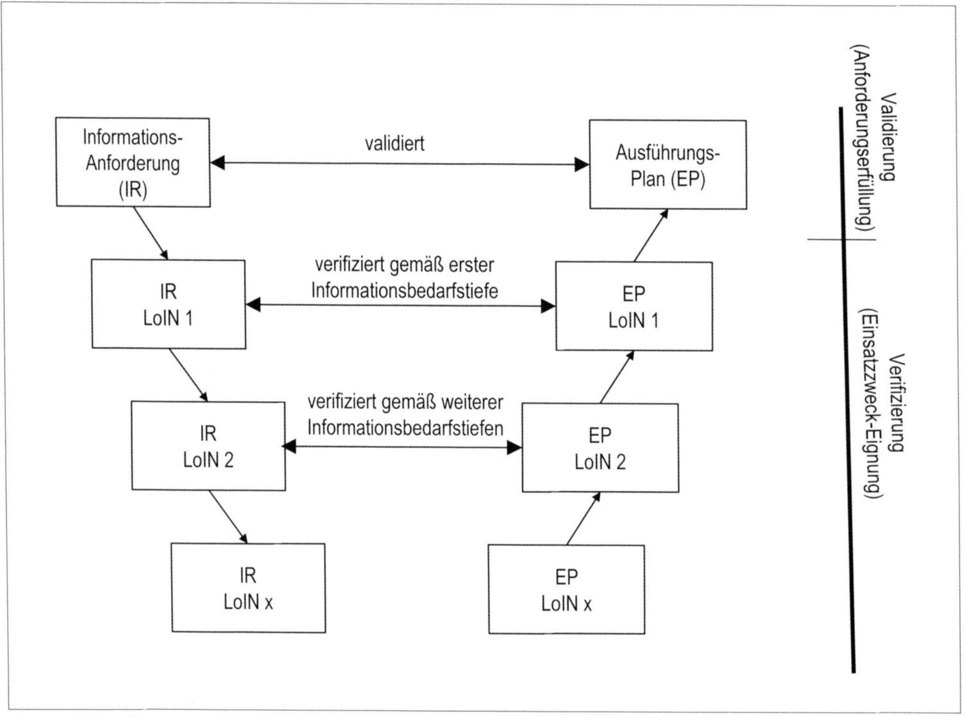

Quelle: Volker Krieger

Bild 18: Das Wasserfall-Modell (CC-BY-NC-SA 3.0)

Das Wasserfall-Modell stellt das Konzept für EIR und BEP, kombiniert mit Validierung und Verifizierung und der Metrik der Informationsbedarfstiefe (*engl. Level of Information Need*), dar (siehe auch Kapitel 5).

Beide Konstrukte – EIR und BEP – sind „living documents" und werden im Verlauf eines Projekts oder eines Assetmanagements an aktuelle Bedürfnisse und Erkenntnisse angepasst.

26 Siehe auch DIN 69901-5:2009-01 „Projektmanagement – Projektmanagementsysteme – Teil 5: Begriffe" und ISO 25065:2019-05 „User Requirement Specification".

„living documents“ sind Dokumente, die ständig fortgeschrieben werden. Dazu bedarf es der Versionierung und Archivierung, die auf die Dokumente angewandt werden, damit jeder „Lebenszustand“ zurückverfolgt und ggf. wiederhergestellt werden kann.

Änderungen am Dokument werden von Personen oder Funktionen vorgenommen, also bedarf es neben dem Änderungsmanagement auch einer Zugangskontrolle (*engl. access control*) oder eines Zugangsmanagements (*engl. access management*). Wir gelangen hier zu den technischen Voraussetzungen, die entscheidend für Umsetzung und Funktionalität eines Informationsmanagements nach DIN EN ISO 19650 sind. Das Konzept eines „living documents“ lässt sich im Übrigen auf alle Informationscontainer nach DIN EN ISO 19650 ausdehnen.

Eine wesentliche (Zusammenarbeits-)Erleichterung ist ein „kollaboratives“ „living document“. In einem kollaborativ nutzbaren „Client-Server“-Konzept wird das Dokument in einem zentralen Repositorium „gehostet“. Dieses wird auch als vereinbarte Quelle der Wahrheit (*engl. „agreed source of truth“*)[27] bezeichnet – weil eben nur dort der wahre Ort der Wahrheit, der aktuelle Dokumentzustand gefunden werden kann. Technisch wird in diesem Zusammenhang oft von einer „Cloud“ oder von einem „as-a-Service“-Konzept gesprochen. Die ältere Terminologie eines „Client-Server“-Konzepts ist richtig und vereinfacht das Verständnis, wenn darauf aufbauend weitere Informationstechnik aufgesetzt wird (z. B. Web-Server, File transfer protocol, Database-Server etc.). Entscheidend für die Benutzerfreundlichkeit ist bei einem solchen kollaborativen System in der Praxis ...

- das bereits zuvor erwähnte Zugangsmanagement und
- die Umsetzung eines oben erwähnten „living document“-Konzepts.

Nicht vernachlässigbar ist der Aspekt des Datenformats des/der gemeinsamen Dokuments/Dokumente. Zunächst ist dieser nicht unbedingt von Bedeutung für die „vereinbarten Benutzer“ der „vereinbarten Quelle“ – aber im Nachhinein ein enormer Kostentreiber und Zeitfresser, wenn es zum kollaborativen Datenaustausch mit projektexternen Beteiligten kommt.

Auf die hier erwähnten Aspekte des kollaborativen Informationsmanagements wird im Kapitel 4.5 detaillierter eingegangen.

Aufgabe 3

Übung: OIR → PIR → EIR

Herunterbrechen ...

- der OIR auf Projektebene (PIR) und
- anschließend in technische und aufgabenspezifische Anforderungen (EIR)

durch Ausarbeitung von projektspezifischen Anforderungen für eine beispielhafte Baumaßnahme wie z. B. einer Laborflächenerweiterung,

- Ausarbeitung von aufgabenspezifischen Anforderungen und Aufteilung in einzelne Gewerke wie z. B. Architektur, Statik und TGA

27 Früher auch oft vereinfachend als „single source of truth“ bezeichnet.

4.2.5 Asset- und Projekt-Informationsmodelle (AIM und PIM)

Alle oben beschriebenen Informationsanforderungen führen zu Informationsmodellen. Informationsmodelle unterscheiden sich durch den Einsatz in der ihnen zugeordneten Phase.

- Projekt-Informationsmodell (PIM)
- Asset-Informationsmodell (AIM)

Entsprechend sind ihre Struktur und ihr Informationsgehalt unterschiedlich. Struktur und Datenformate sind so zu wählen, dass der Datenaustausch zwischen AIM und PIM möglich ist.

Informationsmodelle sind die Leistungsträger im BIM nach DIN EN ISO 19650. Ihre Anfertigung und Pflege werden als (Informations-)Leistungen (*engl. deliverable*) abgerechnet.

5.6 Asset-Informationsmodell (AIM)

Das Asset-Informationsmodell unterstützt die vom Informationsbesteller festgelegten strategischen und täglichen Asset-Managementprozesse. Es kann auch Informationen zu Beginn des Projektabwicklungsprozesses bereitstellen. Das Asset-Informationsmodell kann beispielsweise Ausrüstungsregister, kumulierte Wartungskosten, Aufzeichnungen über Installations- und Wartungstermine, Eigentumsangaben und andere Details enthalten, die der Informationsbesteller als wertvoll erachtet und systematisch verwalten möchte.

5.7 Projekt-Informationsmodell (PIM)

Das Projekt-Informationsmodell unterstützt die Durchführung des Projekts und trägt zum Asset-Informationsmodell bei, um das Asset-Management zu unterstützen. Das Projekt-Informationsmodell sollte überdies gespeichert werden, um ein Langzeitarchiv des Projekts, auch für Revisionszwecke, zur Verfügung zu stellen. Das Projekt-Informationsmodell kann beispielsweise Angaben zur Projektgeometrie, zum Standort der Ausrüstung, zu den Leistungsanforderungen während der Planung, zur Bauweise, zur Zeitplanung, zur Kostenberechnung und zu den installierten Systemen, Komponenten und Ausrüstungen, einschließlich der Wartungsanforderungen, während der Bauausführung enthalten.

Dabei kann sowohl das Asset-Informationsmodell (AIM) zu den Inhalten des Projekt-Informationsmodells (PIM) beitragen wie auch umgekehrt das Projekt-Informationsmodell (PIM) Teile seines Inhalts zum Asset-Informationsmodell (AIM) übertragen. Insofern sollte eine Leistungsbeurteilung immer auch die Fähigkeit des Modells zum Datenaustausch beinhalten.

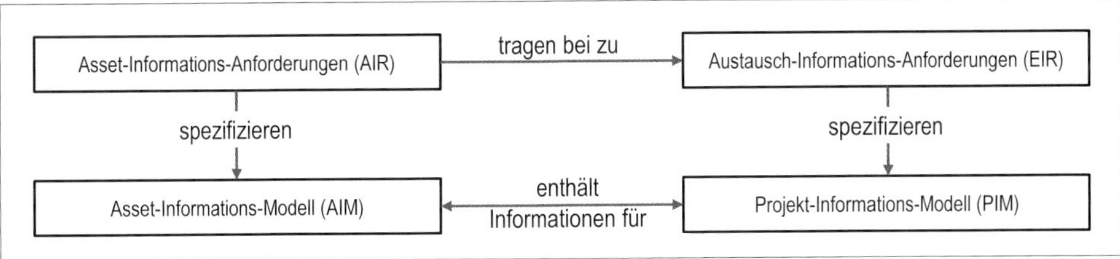

Quelle: Volker Krieger

Bild 19: AIM und PIM (CC-BY-NC-SA 3.0)

Aufgabe 4

Übung: EIR-BEP

Anforderung an ein Datenbanksystem, dessen Datensätze Informationsanforderungen bzw. Teilmengen davon inhaltlich wiedergeben können.

- Entwerfen eines Konzepts eines Datenbanksystems, dessen Datensätze die Informationen über das Asset umfänglich, konsistent und persistent wiedergeben und weiterführen können.
- Beide Datenbanksysteme müssen Versionierung, Archivierung und User-Management ermöglichen.
- Entwicklung und Implementation einer Softwarelösung, die beide Datenbanksysteme abgleichen kann und diesen Abgleich protokolliert.

Datenbanksysteme haben den Vorteil, dass ihre Datenformate nicht proprietär sind und weitestgehend über die standardisierte Abfragesprache „Structured Query Language (SQL)“ kompatibel miteinander sind.

4.2.6 Informationsanforderungen und Informationsproduktion

Informationsanforderungen verursachen eine Informationsproduktion, aus der im Anschluss eine Information oder eine Informationsleistung (*engl.deliverable*) bereitgestellt wird – im Grunde genommen ein Frage-Antwort-Verfahren.

In DIN EN ISO 19650-1 findet sich in Kapitel 5 „Definition der Informationsanforderungen und der daraus resultierenden Informationsmodelle“ ein grundsätzlicher und beispielhafter Überblick zu ...

- den Beteiligten im Informationsmanagement (z. B. Informationsbesteller),
- den Rechten und Pflichten dieser Beteiligten,
- den Zielen für Informationsanforderungen und
- den Zielen für Informationsleistungen.

5 Definition der Informationsanforderungen und der daraus resultierenden Informationsmodelle

5.1 Grundsätze

Der Informationsbesteller sollte verstehen, welche Informationen über sein(e) Asset(s) oder Projekt(e) zur Unterstützung seiner Organisations- oder Projektziele benötigt werden. Diese Anforderungen können aus der eigenen Organisation oder von externen Interessenten kommen. Der Informationsbereitsteller sollte in der Lage sein, diese Anforderungen an andere Organisationen und Personen weiterzugeben, die diese kennen müssen, um ihre Arbeit spezifizieren zu können, oder sie als Grundlage für ihre Arbeit benötigen. Dies gilt für Assets und Projekte jeder Größenordnung, aber die Grundsätze in diesem Dokument sollten angemessen angewendet werden. Weniger erfahrene Informationsbesteller können bei diesen Aufgaben fachkundige Hilfe in Anspruch nehmen.

Die Informationsbereitsteller, einschließlich der federführenden Informationsbereitsteller, können ihre eigenen Informationsanforderungen zu denen, die sie erhalten haben, hinzufügen. Einige der Informationsanforderungen können an ihre eigenen Informationsbereitsteller weitergegeben werden, insbesondere wenn ein Informationsaustausch innerhalb eines Bereitstellungsteams erforderlich ist und diese Informationen möglicherweise nicht mit dem Informationsbesteller ausgetauscht werden.

Der Informationsbesteller sollte seine Ziele für die Anforderung von Informationsbereitstellungsleistungen angeben, einschließlich der betroffenen Asset-Bereiche. Zu diesen Zielen können gehören:

- Asset-Register: Ein Asset-Register sollte ein genaues Auditing und Reporting unterstützen. Dies sollte sowohl räumliche als auch physische Assets und deren Gruppierungen umfassen;
- Unterstützung bei der Einhaltung von Vorschriften und anderen regulatorischen Vorgaben: Der Informationsbesteller sollte die Informationen angeben, die erforderlich sind, um die Aufrechterhaltung der Gesundheit und Sicherheit der Nutzer des Assets zu unterstützen;
- Risikomanagement: Informationen sollten benötigt oder bereitgestellt werden, um das Risikomanagement zu unterstützen, insbesondere um die Risiken zu identifizieren und zu überprüfen, denen ein Projekt oder ein Asset ausgesetzt sein kann, z. B. Naturgefahren, extreme Wetterereignisse oder Feuer; oder
- Unterstützung bei geschäftlichen Fragestellungen: Der Informationsbesteller sollte die Informationen angeben, die erforderlich sind, um die Prüfung des Geschäftsmodells für das Eigentum und den Betrieb des Assets zu unterstützen. Dies sollte die kontinuierliche Entwicklung der folgenden Auswirkungen und vorteilhaften Aspekte des Assets ab dem frühestmöglichen Zeitpunkt einer Informationsbereitstellungsleistung einschließen:
  - Management von Kapazität und Auslastung: Die Dokumentation der beabsichtigten Kapazität und Auslastung des Assets sollte zur Verfügung gestellt werden, da sie erforderlich ist, um Vergleiche der tatsächlichen Nutzung und Auslastung und des Portfoliomanagements zu unterstützen;

- Management von Sicherheit und Überwachung: Informationen sollten benötigt oder unterdrückt werden, um das Management der Sicherheit und die Überwachung des Assets und benachbarter oder angrenzende Standorte im Einklang mit den Sicherheitsanforderungen zu unterstützen;
- Unterstützung bei Umbau/Sanierung: Umbau/Sanierung eines Raumes oder eines Standortes oder des gesamten Assets sollte mit detaillierten Informationen über die Kapazität in Bezug auf Flächen, Räume, Belegung, Umweltbedingungen und strukturelle Belastbarkeit unterstützt werden;
- Voraussichtliche und tatsächliche Auswirkungen: Die Informationsbesteller sollten Informationen über die Auswirkungen von Qualität, Kosten, Zeitplanung, Kohlendioxid (CO_2e), Energie, Abfall, Wasserverbrauch oder anderen Umweltauswirkungen verlangen;
- Betrieb: Informationen, die für den normalen Betrieb des Assets erforderlich sind, sollten zur Verfügung gestellt werden, damit der Informationsbesteller die Kosten für den Betrieb des Assets voraussehen kann;
- Wartung und Reparatur: Informationen über die empfohlenen Instandhaltungsmaßnahmen, einschließlich der geplanten vorbeugenden Instandhaltung, sollten zur Verfügung gestellt werden, um dem Informationsbesteller zu helfen, die Kosten der Instandhaltung zu antizipieren und zu planen;
- Ersatzteillieferungen: Informationen über die Referenz oder die erwartete Ersatzteillebensdauer und -kosten sollten dem Informationsbesteller zur Verfügung stehen, um die Kosten des Ersatzes zu antizipieren. Das Recycling der Sachwerte sollte mit detaillierten Informationen über die Hauptbestandteile unterstützt werden; und
- Stilllegung und Rückbau: Informationen über die empfohlene Stilllegung sollten zur Verfügung gestellt werden, damit der Informationsbesteller die Kosten für das Ende der Lebensdauer vorhersehen und planen kann.

Informationsanforderungen im Zusammenhang mit der Bereitstellungsphase eines Assets sollten in Form der Projektphasen ausgedrückt werden, die der Informationsbesteller oder federführende Informationsbereitsteller zu nutzen beabsichtigt. Die Informationsanforderungen im Zusammenhang mit der Betriebsphase eines Assets sollte in Form von vorhersehbaren Ereignissen im Lebenszyklus ausgedrückt werden, wie z. B. geplante oder reaktive Wartung, Inspektion von Brandschutzeinrichtungen, Austausch von Komponenten oder Wechsel des Anbieters des Asset-Managements.

Die nachfolgenden Tabellen beziehen sich auf diesen Überblick und stellen eine Kategorisierung zur Verfügung, ohne den Anspruch auf Vollständigkeit. Jeder Anwender der Norm sollte sich hier gefordert sehen, die für seine Situation entsprechende Vervollständigung selbst voranzutreiben.

Tabelle 7: Beteiligte und Funktion des Informationsmanagements nach 19650 (CC-BY-NC-SA 3.0)

Beteiligte (Funktion)	Ausgangslage (Ist)	Handlungsempfehlung (Soll)
Informationsbesteller – liefert Anforderung – bestellt Leistung*	hat Orga-Ziele hat Asset-Informationen hat Projektvorgaben	muss betrieblich relevante Informationen erkennen** kann unterbeauftragen
Informationsbereitsteller – erhält Anforderung – liefert Leistung	hat ggf. Substrukturen	muss delegieren können muss Information austauschen kann Expertise einholen
* typische Leistungen, die ein Informationsbesteller einfordern kann, sind ein Asset-Register (z. B. Raumbuch in Kombination mit dem ERP), eine Arbeitssicherheitsplanung, eine Gefahrenabwehrplanung für Umweltkatastrophen.		
** Der Informationsbesteller muss abschätzen, welche Informationsleistung er vom Informationsbereitsteller zur Aufrechterhaltung seiner betrieblichen Maßnahmen benötigt (siehe auch nachfolgende Tabelle)		

Tabelle 8: Maßnahmen und Prozesse des Informationsmanagements nach DIN EN ISO 19650 (CC-BY-NC-SA 3.0)

Maßnahme (Prozess)	anzufordernde Berechnungen	Einsatz bei
Informationsanforderung Informationsleistung	Kapazitätsauslastung Betrieb/Betriebskosten Sicherheit/Arbeitssicherheit Bauwerksstatik Umweltbelastung, Life Cycle Costing Wartung/Ersatzteilmanagement etc.	(Normal-) Betrieb Umbau Sanierung Rückbau etc.

4.3 Informationsbereitstellung und -management (Teil 1, Kapitel 6 bis 7)

Dieses Kapitel befasst sich mit der Informationsbereitstellung und dem damit zusammenhängenden Informationsmanagement nach DIN EN ISO 19650.

Semantisch korrekt wäre die Bezeichnung „Lieferleistung" für den Prozess der Informationsbereitstellung. Schließlich besteht die Bereitstellungsleistung darin, dass Information geliefert wird. Auch „Informationsaustausch" käme der Bedeutung des normativen Konzepts nahe, allerdings fehlt beim „Austausch" die Implikation von Anforderung und Antwort. Im Folgenden wird der Begriff „Informationsleistung" in diesem Sinne verwendet[28].

„Informationsbereitstellung" bezeichnet eine Handlung im Sinne der DIN EN ISO 19650 – das Ausliefern der Information. Der Gegenstand der Handlung ist die „Informationsleistung" selbst. Es sind also zwei Dinge zu unterscheiden:

- der Vorgang / die Handlung der (Aus-)Lieferung (*engl. delivery*) und
- die ausgelieferte oder auszuliefernde Leistung (*engl. deliverable*).

In diesem Zusammenhang ist weiterhin wichtig, zwischen einer Leistung im Sinne des Informationsmanagements und einer Leistung im allgemeinen Sinne der Wertschöpfungskette Planen, Bauen und Betreiben zu unterscheiden.

Hinweis 10

Anmerkung zu Informationsleistung und Informationsbereitstellung

Informationsleistungen und Informationsdienstleistungen müssen unterschieden werden von den dinglichen Gegenständen und deren Lieferung. Zur Verdeutlichung des Unterschieds werden in der deutschen DIN EN ISO 19650 und auch in diesem Dokument konsequent viele Begriffe um die Vorsilbe „Informations-" ergänzt. Das ist im englischen Original nicht immer so.

Zur deutlichen Unterscheidung wird in der deutschen Fassung von DIN EN ISO 19650 (alle Teile) der Begriff Informationsbereitstellung für die Informations-(Aus-)Lieferung der Information verwendet.

Teil 1, Kapitel 6, führt in Abschnitt 6.1 die wesentlichen Grundsätze zu Informationen und Informationslieferung auf. Wie schon im Orientierungsschema festgehalten, gilt übergeordnet:

1) Informationen fließen immer und überall.
2) Informationen unterliegen einem Wandel und müssen entsprechend aktualisiert werden („living document"-Prinzip).
3) Der Informationsfluss muss wirtschaftlich sein.
4) Zur Bewältigung der obigen Situation braucht es als „Werkzeug" eine gemeinsame Datenumgebung als Informations-Repositorium (CDE – engl.common data environment) und „möglichst offene Standards" (siehe hierzu auch nachfolgendes Kapitel „Werkzeuge").

28 In der Übersetzungsarbeit wurde erwogen, den korrekten Terminus „Lieferleistung" zu benutzen, aber in Kombination mit dem Präfix „Informations-" als zu umständlich und zu ungewohnt verworfen.

6 Der Informationsbereitstellungszyklus

6.1 Grundsätze

Die Spezifikation und Bereitstellung von Projekt- und Asset-Informationen folgt vier übergreifenden Grundsätzen, die in diesem Dokument jeweils näher erläutert werden:

1) Informationen werden für die Entscheidungsfindung in allen Phasen des Lebenszyklus eines Assets benötigt, auch wenn die Absicht besteht, ein neues Asset zu entwickeln, ein bestehendes zu modifizieren oder zu erweitern oder stillzulegen, und zwar als Teil des gesamten Asset-Managementsystems.
2) Die Informationen werden fortschreitend durch vom Informationsbesteller festgelegte Anforderungen spezifiziert, und die Bereitstellung der Informationen wird von den Bereitstellungsteams fortschreitend geplant und geliefert. Darüber hinaus können einige Referenzinformationen auch vom Informationsbesteller an eine oder mehrere Informationsbereitsteller übermittelt werden.
3) Wenn ein Bereitstellungsteam aus mehr als einer Organisation besteht, sollten die Informationsanforderungen an die relevanteste Organisation oder an den Punkt weitergeleitet werden, an dem die Informationen am einfachsten bereitgestellt werden können.
4) Der Informationsaustausch umfasst den Austausch und die Koordinierung von Informationen über eine gemeinsame Datenumgebung, wobei möglichst offene Standards und klar definierte Betriebsverfahren verwendet werden, um ein einheitliches Vorgehen aller beteiligten Organisationen zu ermöglichen.

Diese Grundsätze sollten in einer Weise angewandt werden, die in einem angemessenen Verhältnis zum Kontext des Asset-Managements oder der Projektabwicklung steht.

Letztere Forderung nach „offenen Standards, wenn immer möglich“ (engl. “*the sharing and coordination of information through a CDE, using open standards whenever possible*“) ist hochaktuell und führt in eine komplexe Diskussion. Die zu diesem Zweck eingerichteten Work Items auf CEN-Ebene nehmen sich dieses Themas an. In Kapitel 5 dieses Kommentars „Weitere Normierung“ wird hierauf nochmals eingegangen.

4.3.1 Informationsbereitstellung und Asset-Lebenszyklus

Teil 1 sieht in Abschnitt 6.2 die Informationslieferung als zyklisch (engl. *delivery cycle*) an. Dieser Zyklus wird im Zusammenhang mit dem Lebenszyklus des Assets gesehen. Insofern wird Bezug genommen auf die ikonische Grafik des Bildes 2 in Teil 1 (der „Zwiebel“) (siehe Kapitel 1) und die darin schon erwähnten „externen“ normativen Vorgaben (ISO 9000 etc.).

6.2 Abgleich mit dem Lebenszyklus des Assets

Asset- und Projekt-Informationsmodelle werden während des gesamten Informationslebenszyklus erstellt. Diese Informationsmodelle werden während des Lebenszyklus von Assets für asset- und projektbezogene Entscheidungen verwendet.

Bild 3 zeigt den Lebenszyklus des Assets für die Betriebs- und Bereitstellungsphasen eines Bauwerkes (grüner Kreis) und einige Informationsmanagement-Aktivitäten (Punkte A bis C). Zusätzlich zu den drei im Bild gezeigten Punkten sollte die Bewertung der Absichten der Planer durch eine Überprüfung der Performance des Assets während der Betriebsphase erfolgen. Der Zeitpunkt hängt davon ab, wann und wie oft Tests nach Fertigstellung des Bauwerkes und zur Leistungsüberprüfung durchgeführt werden. Wenn die Überprüfung negativ ausfällt, können Nachbesserungsarbeiten erforderlich sein. Während der Betriebsphase finden auslösende Ereignisse statt, die eine Reaktion des Informationsmanagements erfordern können, was zu einem oder mehreren Informationsaustauschprozessen führen kann.

Bild 3 zeigt auch, dass die Normenreihe ISO 19650 für das Informationsmanagement im Rahmen eines Asset-Management-Systems wie ISO 55000 oder eines Projektmanagement-Frameworks wie ISO 21500 stattfindet, das wiederum im Rahmen eines Qualitätsmanagementsystems wie ISO 9001 stattfindet. Andere Normen wie ISO 8000 (Datenqualität) und ISO/IEC 27000 (Informationssicherheitsmanagement] und ISO 31000 (Risikomanagement) sind ebenfalls relevant, werden aber aus Gründen der Übersichtlichkeit nicht berücksichtigt.

Die folgenden Hauptgrundsätze (nach ISO 55000) sind für das Asset-Informationsmanagement nach ISO 19650 wichtig:

- der Informationsbesteller verbindet das Asset-Management spezifisch mit dem Erreichen seiner Geschäftsziele durch Asset-Management-Richtlinien, -Strategien und -Pläne;
- angemessene und zeitnahe Asset-Informationen sind eine der Grundvoraussetzungen für ein erfolgreiches Asset-Management; und
- Organisationsführung und -steuerung in Bezug auf das Asset-Informationsmanagement erfolgt durch das Top-Management innerhalb des Asset-Eigentümers bzw. -Betreibers.

Die folgenden Hauptgrundsätze (nach ISO 9001) sind für das Asset-Informationsmanagement nach ISO 19650 wichtig:

- der Informationsbesteller steht im Mittelpunkt (als Empfänger oder Nutzer von Asset- oder Projektinformationen);
- es wird ein Planen-Umsetzen-Überprüfen-Handeln-Zyklus verwendet (zur Entwicklung und Bereitstellung von Asset- oder Projektinformationen);
- das Engagement der Personen und die Förderung angemessener Verhaltensweisen ist von zentraler Bedeutung für die Erzielung konsistenter Ergebnisse; und
- der Schwerpunkt liegt auf dem Austausch der gewonnenen Erkenntnisse und der kontinuierlichen Verbesserung.

Von besonderer Bedeutung in den oben aufgeführten Hauptgrundsätzen sind die folgenden Konzepte:

- der Erkenntnis-Austausch (engl. lessons learned) und
- der Planen-Umsetzen-Überprüfen-Handeln-Zyklus (PDCA-Zyklus – *engl. Plan-Do-Check-Act cycle*) im kontinuierlichen Verbesserungsprozess (KVP – *engl. continuous improvement*)[29]

29 Siehe auch PDCA-Kreisprozess, Demingkreis, Deming-Rad, Shewhart-Zyklus als Phasen im kontinuierlichen Verbesserungsprozess (KVP) in DIN EN ISO 9000 und anderswo.

Was im Deutschen als „Erfahrungsaustausch" (*engl. lessons learned*) bezeichnet wird, ist im angelsächsischen Wirtschaftsraum ein Fachbegriff für ein wichtiges Konzept des Qualitätsmanagements. Es würde den Rahmen dieses Kommentars sprengen, die Methoden und Strukturen der „*lessons learned*" aus dem Erfahrungsfeld des englischen BIM-Sektors zu besprechen, zumal diese sich auch noch in der Entwicklung befinden. Es sei hier verwiesen auf die sich ständig erweiternden Dokumentationen des UK BIM Framework[30].

Der Grundsatz des kontinuierlichen Verbesserungsprozesses mit seinem PDCA-Zyklus wird im Folgenden näher betrachtet.

4.3.2 Informationsbereitstellung im Zyklus

In Teil 1, Kapitel 6.3, wird die Informationsbereitstellung (*engl. information delivery*) und deren Planung bzw. Vorbereitung im Detail besprochen.

6.3 Festlegung der Informationsanforderungen und Planung der Informationsbereitstellung

6.3.1 Allgemeine Grundsätze

Alle Asset- und Projektinformationen, die während des Lebenszyklus des Assets bereitzustellen sind, sollten vom Informationsbesteller durch eine Reihe von Informationsanforderungen spezifiziert werden. Die entsprechenden Informationsanforderungen sollten im Rahmen eines Beschaffungsprozesses jedem potenziellen federführenden Informationsbereitsteller zur Verfügung gestellt werden. Dies gilt auch, wenn Arbeitsanweisungen von einem Teil einer Organisation an einen anderen Teil derselben Organisation erteilt werden. Eine Antwort auf jede Anforderung sollte von dem voraussichtlichen federführenden Informationsbereitsteller vorbereitet und von dem Informationsbesteller vor der eigentlichen Informationsbestellung überprüft werden. Die Antwort auf die Informationsanforderungen wird dann von jedem federführenden Informationsbereitsteller verwaltet und entwickelt und in den Plan für seine Asset-Management- oder Projektabwicklungsaktivitäten aufgenommen. Die Informationen werden von jedem federführenden Informationsbereitsteller verwaltet und geliefert und von der Organisation, die die Anforderungen festlegt, akzeptiert. Feedback-Schleifen sorgen dafür, dass die Informationsbereitstellungsleistungen bei Bedarf überarbeitet werden können. Das generische Flussdiagramm für diesen Prozess ist in Bild 4, hier in Bild 20 dargestellt.

Das hierzu grundlegende Schema (Bild 4) wurde erst gegen Ende in die Norm aufgenommen und deshalb nicht weiter ausgearbeitet. Gleiches gilt für die Erwähnung des bereits oben angeführten Planen-Umsetzen-Überprüfen-Handeln-Zyklus (PDCA-Zyklus – *engl. Plan-Do-Check-Act cycle*). Die nachfolgende Gegenüberstellung macht deutlich, wie nahe die ISO 19650 an eine Qualitätsmanagementnorm herangerückt.

30 https://www.ukbimframework.org

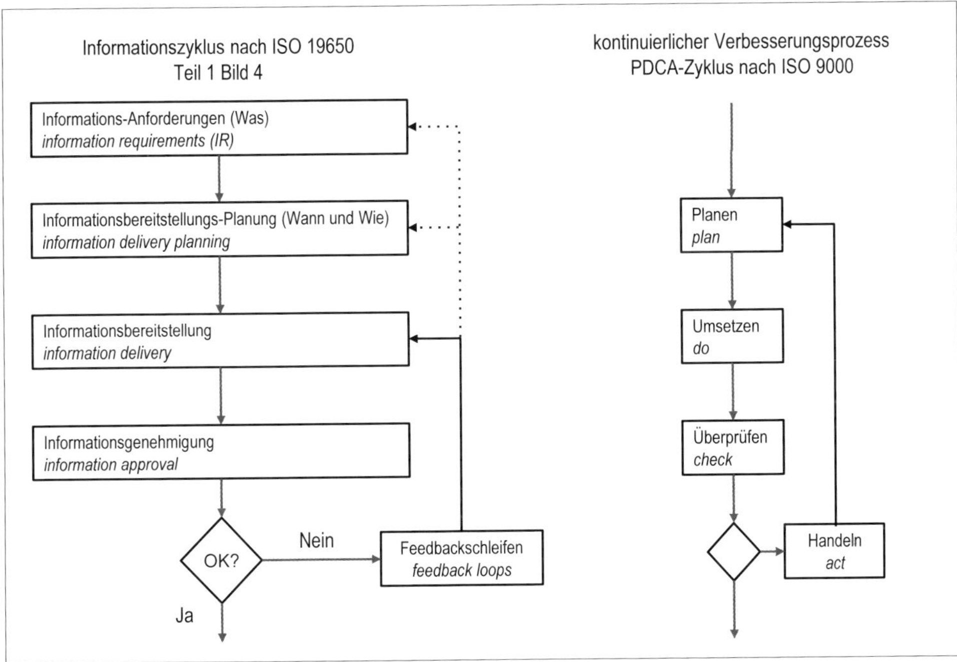

Quelle: Volker Krieger

Bild 20: Analogie zwischen Informationszyklus nach ISO 19650 (nach Teil 1, Bild 4) und PDCA-Zyklus nach ISO 9000 (CC-BY-NC-SA-3.0)

Einzig die Informationsanforderung passt nicht in das Schema nach ISO 9000. Insofern erweitert die ISO 19650 das Qualitätsmanagement der ISO 9000 um eine zusätzliche Prozesskomponente und wendet es gleichzeitig auf das Gebiet der Informationsleistungen („Informationsbereitstellung" in BIM nach DIN EN ISO 19650) an. An dieser Stelle lässt sich ein Lastenheft-Pflichtenheft-Konzept einführen – wie bereits weiter oben im Kapitel 4.2.4 erläutert.

4.3.3 Risikobewertung

Zum Zeitpunkt der Erstellung der ISO 19650, Teil 1, war noch nicht absehbar, dass es einen Teil 5 „Spezifikation für Sicherheitsbelange von BIM etc." geben wird. Absehbar war, dass Sicherheitsbelange zunehmend wichtig werden.

> **6.3.1 Allgemeine Grundsätze**
>
> [...] Eine dokumentierte Risikobewertung für die Bereitstellung von Asset- oder Projektinformationen sollte in die Gesamtrisikobewertung für Assets oder Projekte einbezogen werden, so dass die Art der Risiken bei der Informationsbereitstellung, ihre Folgen und die Wahrscheinlichkeit des Auftretens verstanden, kommuniziert und beherrscht werden. Die in diesem Dokument enthaltenen Konzepte und Grundsätze sollten bei der Risikobewertung der Informationsbereitstellung berücksichtigt werden.

Hier ist bei einer weiteren Ausführung zur Risikobewertung von Informationsleistungen mit einem vermehrten Aufwand zu rechnen. Im Teil 1 wurde daher nur die obige Ausführung aufgenommen. Heute wissen wir, dass sich Teil 5 von DIN EN ISO 19650 damit ausführlich beschäftigt.

4.3.4 Prozessbetrachtung der Informationsbereitstellung

Der erste Schritt im Informationslieferzyklus bzw. Informationsbereitstellungszyklus ist die Planung der Informationsbereitstellung – im Folgenden als Informationslieferplan (IDP – *engl. information delivery plan*) bezeichnet. Dieser Aufgabenstellung ist das Kapitel 10 „Informationsbereitstellungsplanung" in der Norm gewidmet.

6.3.1 Allgemeine Grundsätze

[...] Informationsanforderungen werden definiert, um jene Fragen zu aufzugreifen, die zu verschiedenen Zeitpunkten während der Lieferung und des Betriebs eines Assets zu beantworten sind, um wesentliche assetbezogene Entscheidungen zu treffen. Informationslieferpläne werden jedes Mal erstellt, wenn ein federführender Informationsbereitsteller im Zusammenhang mit Asset-Management- oder Projektlieferaktivitäten benannt wird. Dazu gehören die parallelen Informationsbestellungen, die der Auftraggeber in Bezug auf Design, Konstruktion oder andere Dienstleistungen vornimmt, sowie die sequentiellen Informationsbestellungen, die beispielsweise innerhalb einer Bauunternehmung zur Bildung einer Lieferkette vereinbart wurden. [...]

Bild 5 veranschaulicht die Unterteilung der Informationsmanagementprozesse und deren Anwendung auf jede Informationsbestellung innerhalb eines Projekts. Eine ähnliche Unterteilung der Prozesse sollte für jede Informationsbestellung im Rahmen des Asset-Managements gelten.

Bild 5 der DIN EN ISO 19650 veranschaulicht die Unterteilung der Prozesse im Sinne von Ober- und Untermengen. Zum besseren Verständnis trägt eine komplementäre, hierarchische Darstellung bei.

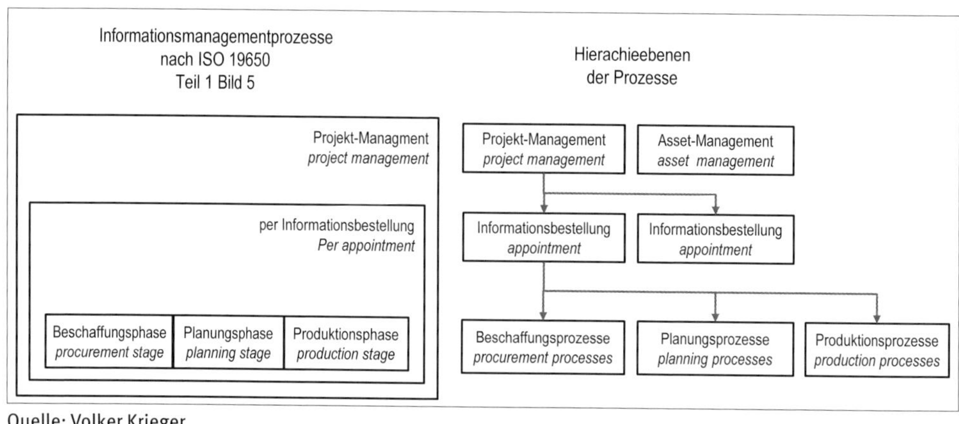

Quelle: Volker Krieger

Bild 21: Informationsprozesse als Teilmengen (Teil 1, Bild 5) und Prozesse, angesiedelt auf Hierarchieebenen

Es sind in der Projektmanagement-Phase wie auch in der Assetmanagement-Phase mehrere Informationsbestellungen (*engl. information appointments*) möglich. Jede dieser Informationsbestellungen kann sich auf Prozesse der Beschaffung, der Planung oder der Produktion beziehen.

Jede dieser Informationsbestellungen durchläuft die Sequenz Informationsanforderung – Informationsbereitstellung.

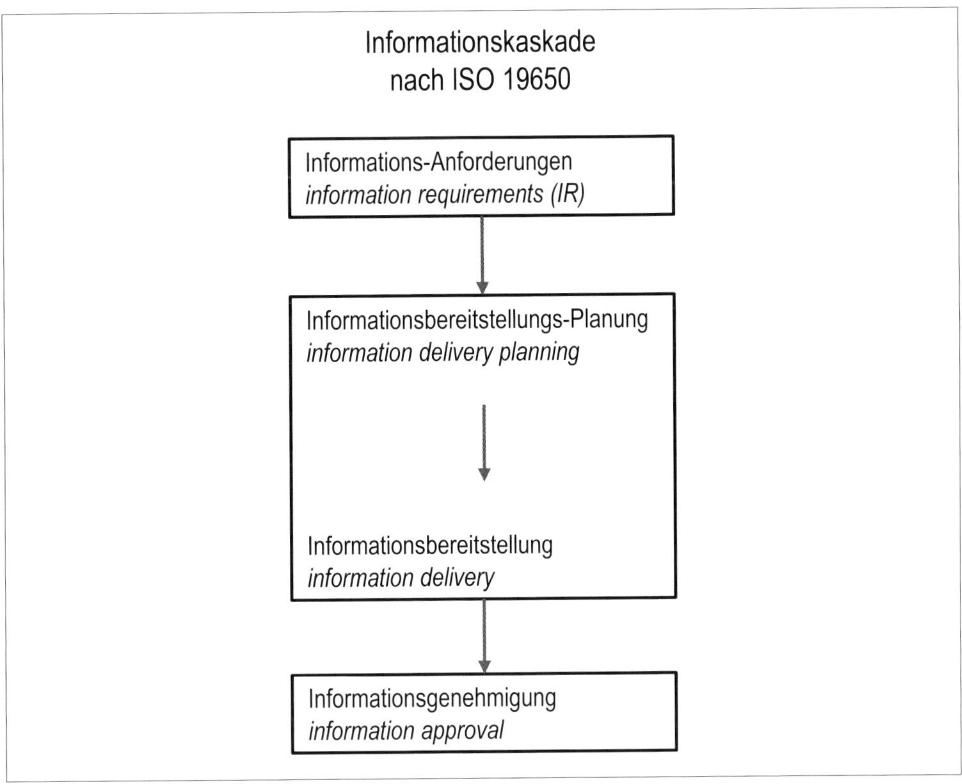

Quelle: Volker Krieger

Bild 22: Informationskaskade Anforderung-Bereitstellung, ergänzt um Genehmigung (CC-BY-NC-SA 3.0)

6.3.1 Allgemeine Grundsätze

[...] Die Kaskade von Informationsanforderung und Informationsbereitstellung weist einige wesentliche Merkmale auf, die in 6.3.2 bis 6.3.5 erläutert und für eine bestimmte Form der Beschaffung dargestellt werden.

Weitere Grundsätze zu Informationsmanagementfunktionen, kollaborativem Arbeiten und zur Befähigung des Informationsbereitstellers sind in den Abschnitten 7, 8 und 9 dargelegt. Weitere Grundsätze zur Planung der Informationsbereitstellung sind in Abschnitt 10 festgelegt. Weitere Grundsätze zur Informationserzeugung und -bereitstellung sind in den Abschnitten 11 und 12 festgelegt.

Im Folgenden werden Prozesse und Merkmale dieser Kaskade näher erläutert.

4.3.5 Informationsaustausch (Teil 1, Abschnitt 6.3.2)

Der einfachste Informationsaustausch besteht aus ...

- der Informationsanforderung (Anfrage) des Informationsbestellers (*engl. appointing party*) und
- der Informationsbereitstellung (Antwort) des Informationsbereitstellers (*engl. appointed party*).

Der Informationsaustausch wird zu einem vorher festgelegten „Entscheidungszeitpunkt" (*engl. key decision point*) ausgelöst. Ein „*key decision point*" kann z. B. das Ende einer Projektphase sein. Die Informationsanforderung kann dann z. B. eine Abfrage des Planungsstands sein. Ein „Entscheidungszeitpunkt" aka „*key decision point*" ist in der ISO 19650 durch eine rote Raute symbolisiert.

Ein Entscheidungszeitpunkt kann sowohl durch eine zeitliche Fixierung (z. B. 1. Januar 2000) als auch durch eine logische, zeitabhängige Kondition (z. B. drei Monate nach Vertragsabschluss) definiert werden.

Es ist Aufgabe des Informationsbestellers, die Entscheidungszeitpunkte vorher zusammen mit den jeweiligen dazu wirksamen Informationsanforderungen im Informationslieferplan festzulegen.

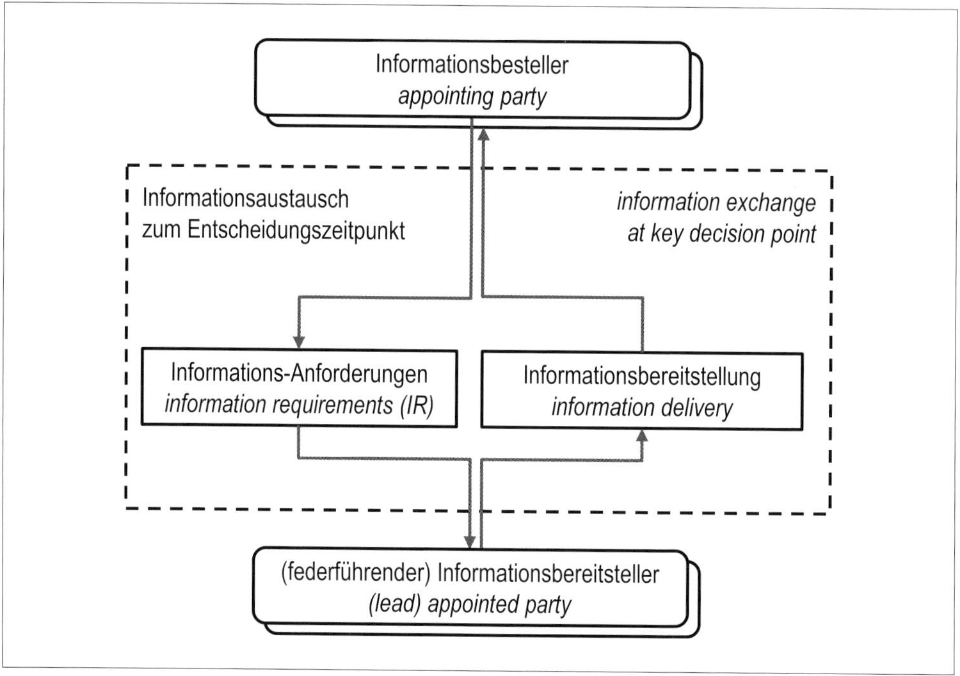

Quelle: Volker Krieger

Bild 23: Elemente des Informationsaustauschs zwischen Besteller und Bereitsteller

Es kann eine Hierarchie des Informationsaustauschs (*engl. level of appointment*) geben. So kann ein Informationsbereitsteller selbst wieder zum Informationsbesteller gegenüber einem ihm untergeordneten Informationsbereitsteller werden. Dieser wird dann als „federführender Informationsbereitsteller" (*engl. lead appointed party*) gegenüber dem obersten Informationsbesteller bezeichnet.

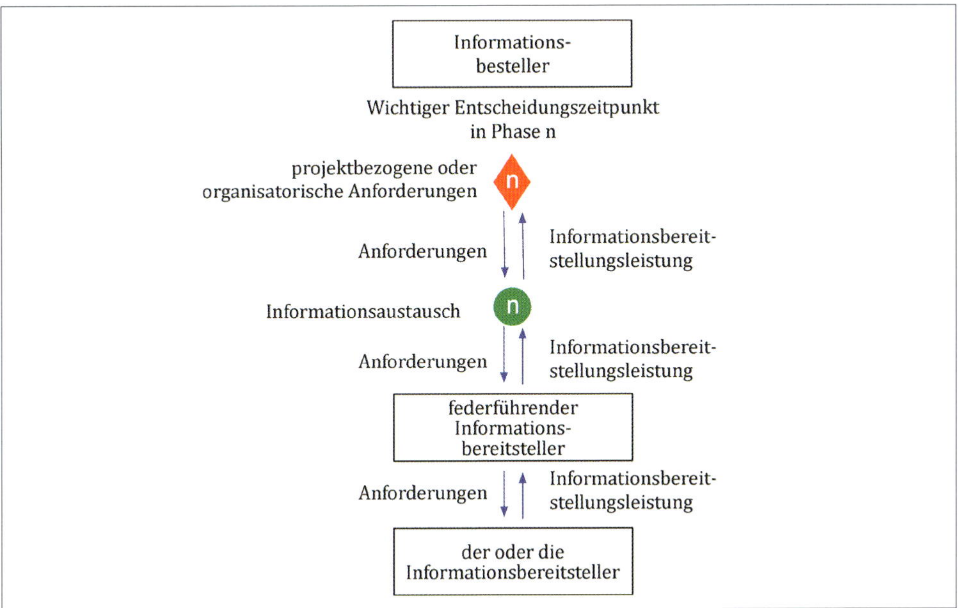

Quelle: DIN EN ISO 19650-1:2019-08

Bild 24: Kaskade der Informationsbestellung und -bereitstellung aus DIN EN ISO 19650-1 (Bild 6)

6.3.2 Das Bereitstellungsteam liefert Informationen für die Entscheidungen des Eigentümers/Betreibers oder des Auftraggebers

Bild 6 zeigt ein Beispiel einer wichtigen Entscheidung, die von dem Informationsbesteller zu treffen ist. Diese Entscheidung wird an einem wichtigen Entscheidungszeitpunkt, der Raute, getroffen, zu dem eine Reihe von Informationsanforderungen definiert und an das Bereitstellungsteam (federführende Informationsbereitsteller und Informationsbereitsteller entsprechend) kaskadiert wird. Die Informationen werden durch den Informationsaustausch, symbolisiert durch den Kreis, bereitgestellt.

Der Informationsbesteller sollte die Anlässe oder Zeiten festlegen, zu denen er wichtige Entscheidungen treffen muss, und genau festlegen, welche Informationen er vom Bereitstellungsteam benötigt, um jede einzelne Entscheidung zu treffen. Alle wesentlichen Änderungen der Informationsanforderungen sollten zwischen dem Informationsbesteller und dem federführenden Informationsbereitsteller erörtert und vereinbart werden. Beide Organisationen dürfen eine solche Anfrage stellen.

4.3.6 Informationsprüfung (Teil 1, Abschnitt 6.3.3)

Jeder Informationsaustausch soll einer Prüfung standhalten. Das gilt natürlich auch für den Informationsaustausch am Ende einer Projektphase und zu Beginn der nächsten Projektphase, insbesondere dann, wenn dieser Übergang mit einem Wechsel des Informationsbereitstellers verbunden ist.

Geprüft werden ...

- bereitgestellte Information(en) (*engl. deliverable*) gegen die Vorgaben der Informationsanforderung(en) am Ende einer Projektphase (*engl. „end of stage" review*) und
- weitergeleitete Information(en) zu Beginn einer Projektphase (*engl. „start of stage" review*).

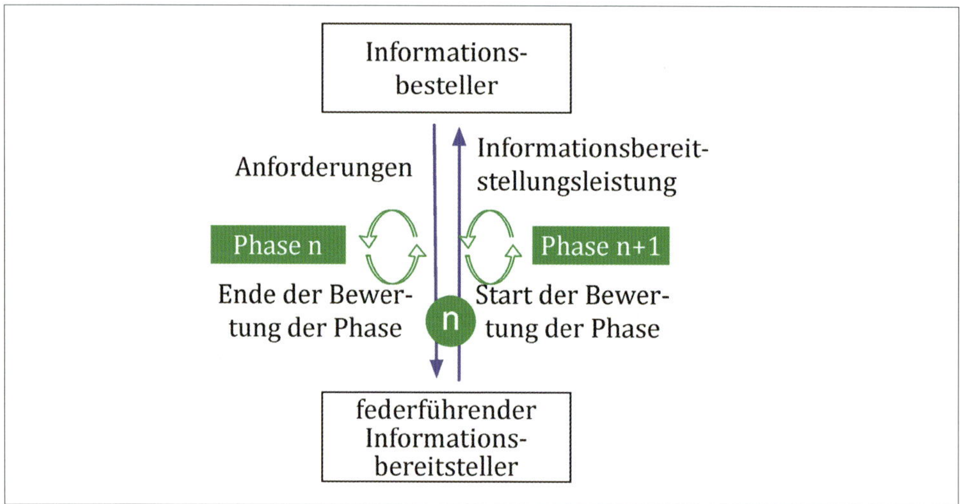

Quelle: DIN EN ISO 19650-1:2019-08

Bild 25: Informationsanforderung und -bereitstellung aus DIN EN ISO 19650-1 (Bild 7)

6.3.3 Informationsüberprüfung und -validierung zu Beginn und Ende von Projektphasen

Bild 7 zeigt den Informationsaustausch zwischen dem Ende einer Projektlieferphase und dem Beginn der nächsten Projektlieferphase.

Der geschlossene Kreis stellt den Informationsaustausch dar. Die vertikalen Pfeile stellen die Informationsanforderungen und die Informationsbereitstellungsleistungen dar, die zwischen dem Informationsbesteller und dem federführenden Informationsbereitsteller fließen. Die kreisförmigen Pfeile links neben den vertikalen Pfeilen stellen die Bereitstellung von Informationen durch den federführenden Informationsbereitsteller, die Überprüfung dieser Informationen durch den Informationsbesteller gegenüber den Anforderungen und jede erforderliche Iteration dar, um den Informationsaustausch abzuschließen (z. B. wenn erforderliche Informationen fehlen oder nicht in der erforderlichen Qualität bereitgestellt werden). Die kreisförmigen Pfeile rechts neben den vertikalen Pfeilen stellen die Angabe von Informationen durch den Informationsbesteller an den federführenden Informationsbereitsteller, die Überprüfung dieser Informationen gegen das, was für den Beginn der nächsten Projektphase erforderlich ist, und jede Iteration, die für den Abschluss des Informationsaustauschs notwendig ist, dar.

Im Rahmen der Validierungs- und Verifikationsmethoden ist es wichtig, dass die Genehmigungs- und Annahmeverfahren vereinbart und dokumentiert werden sollten, bevor ein Informationsaustausch stattfindet.

Es ist besonders wichtig, dass eine zweite Informationsüberprüfung durchgeführt wird, um eine Projektphase zu beginnen, in der es zu einem Wechsel zwischen den einzelnen Phasen kommt, wobei besonderes Augenmerk auf die Nutzbarkeit der erhaltenen Informationen gelegt wird. Die zweite Prüfung sollte auch dann erfolgen, wenn es eine Verzögerung bis zum Beginn der nächsten Projektphase gibt. Es kann Situationen geben, in denen die zweite Informationsüberprüfung nicht erforderlich ist, z. B. wenn der gleiche federführende Informationsbereitsteller beide Projektphasen durchführt und keine Verzögerung im Projektablauf zwischen diesen Phasen auftritt.

Die Informationen sollten auch überprüft werden, wenn es während einer Projektphase zu einem Wechsel der federführenden Informationsbereitsteller kommt. Unter diesen Umständen sollten etwaige Einschränkungen bei der Verwendung von Informationen der zuvor benannten Informationsbereitsteller berücksichtigt werden.

Die Prüfung kann nach dem Konzept von Validierung und Verifizierung erfolgen[31].

Hinweis 11

Anmerkung zu Validierung und Verifizierung

Validierung (von „valide“ im Sinne von gültig) bezeichnet den Prozess einer Gültigkeitsprüfung. Eine Validierung prüft, ob ein Prozess oder eine Information vorher spezifizierte Anforderungen erfüllt.

31 Validierung und Verifizierung ist ein Konzept aus dem Bereich der GxP Spezifikationen.

Verifizierung (von „verum“ im Sinne von wahr) bezeichnet den Prozess einer Wahrheitsprüfung. Eine Verifizierung prüft, ob die Angaben über einen Prozess oder die Informationen der Wahrheit entsprechen. Eine Verifizierung kann erfolgreich sein (z. B. indem vorgegebene Werte gemessen werden), aber eine Validierung kann trotzdem scheitern (z. B. weil die Vorgaben nicht im Einklang mit den Anforderungen stehen).

In den Informationsanforderungen müssen deshalb vorab festgelegt werden:

- Prüfzweck und Zielvorgaben zur Validierung (z. B. Kompatibilität von Datenformaten) und
- Prüfmethoden und Prüfziele zur Verifizierung (z. B. Einhaltung der Datenformate).

4.3.7 Zusammenführung der Information (Teil 1, Abschnitt 6.3.4)

Informationsaustausch kann auf hierarchisch geordneten Ebenen (der Informationsbereitstellung) (*engl. level of appointment*) stattfinden. Es entstehen dann „erweiterte (Informations-)Bereitstellungsteams“ (*engl. delivery teams*) (siehe auch im obigen Abschnitt „Informationsaustausch“ den federführender Informationsbereitsteller und untergeordneten Informationsbereitsteller).

Es ist jeweils in der Verantwortung der federführenden Informationsbereitsteller, die hierarchisch tiefer stehenden Bereitstellungsteams zu koordinieren – durchgängig nach dem Konzept „(Informations-)Anforderung – (Informations-)Bereitstellung“ und dem oben geschilderten Prinzip der Informationsprüfung.

Struktur und Ebenen der Informationsbereitstellung sind im Informationslieferplan (in diesem Abschnitt auch Bereitstellungsplan genannt) zu dokumentieren.

6.3.4 Informationen aus dem gesamten Bereitstellungsteam

Bild 8 zeigt, wie die beim Informationsaustausch bereitgestellten Informationen von erweiterten Bereitstellungsteams für Planungsarbeiten auf der linken Seite und für Bauarbeiten auf der rechten Seite zusammengetragen werden. Für die dargestellte Beschaffungsform stellen die horizontalen gestrichelten Linien beispielhaft die Ebenen der Informationsbestellung dar. Jeder federführende Informationsbereitsteller darf die von seinem Informationsbesteller erhaltenen Informationsanforderungen ganz oder teilweise delegieren und auch eigene Informationsanforderungen hinzufügen. Die Rolle der einzelnen federführenden Informationsbereitsteller bei der Erfüllung der Asset-Informationsanforderungen oder der Austausch-Informationsanforderungen sollte in den Bereitstellungsplänen festgelegt werden. Die Informationen werden von jedem Informationsbereitsteller von den jeweiligen Bereitstellungsteams gesammelt und an den Informationsbesteller geliefert, wobei die Überprüfung und eventuelle Wiedervorlage, wie in Bild 7 erläutert, erfolgt.

Wenn neue Organisationen dem Bereitstellungsteam beitreten, sollte der Bereitstellungsplan aktualisiert werden, um die Informationen, die sie zum zukünftigen Informationsaustausch beitragen werden, aufzunehmen und zu bestätigen.

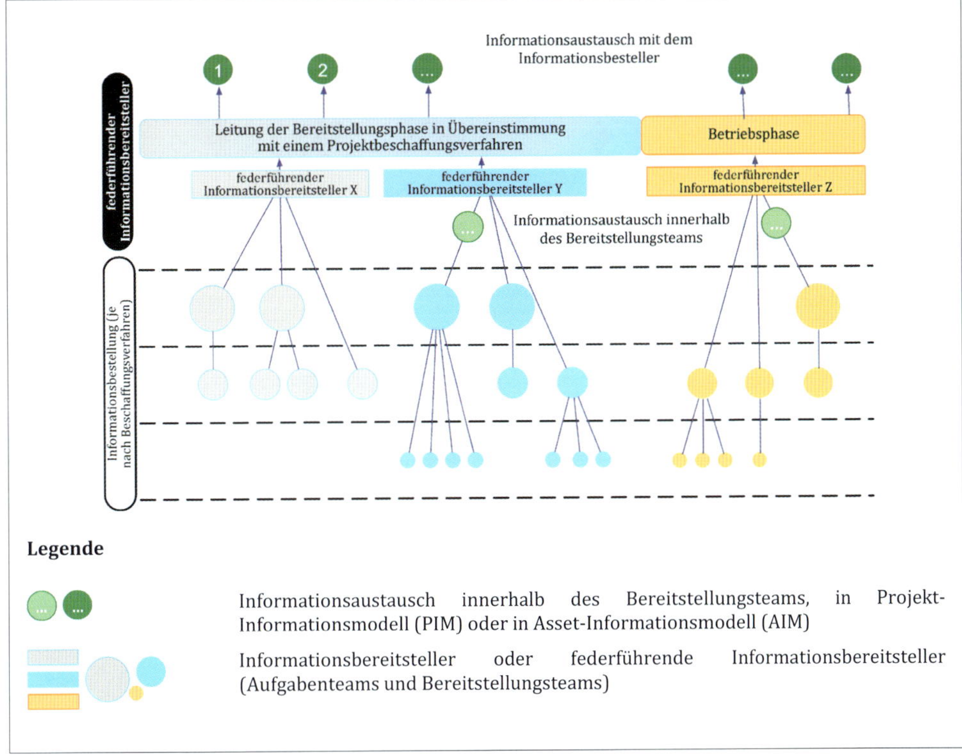

Quelle: DIN EN ISO 19650-1:2019-08

Bild 26: Bereitstellung von Informationen als Bild 8 von DIN EN ISO 19650-1

4.3.8 Zusammenfassung Informationsbereitstellung (Teil 1, Abschnitt 6.3.5)

Alle Prozesse, Merkmale und Beteiligte der Informationsbereitstellung ergeben ein komplexes Zusammenspiel (Teil 1, Bild 9, hier Bild 27).

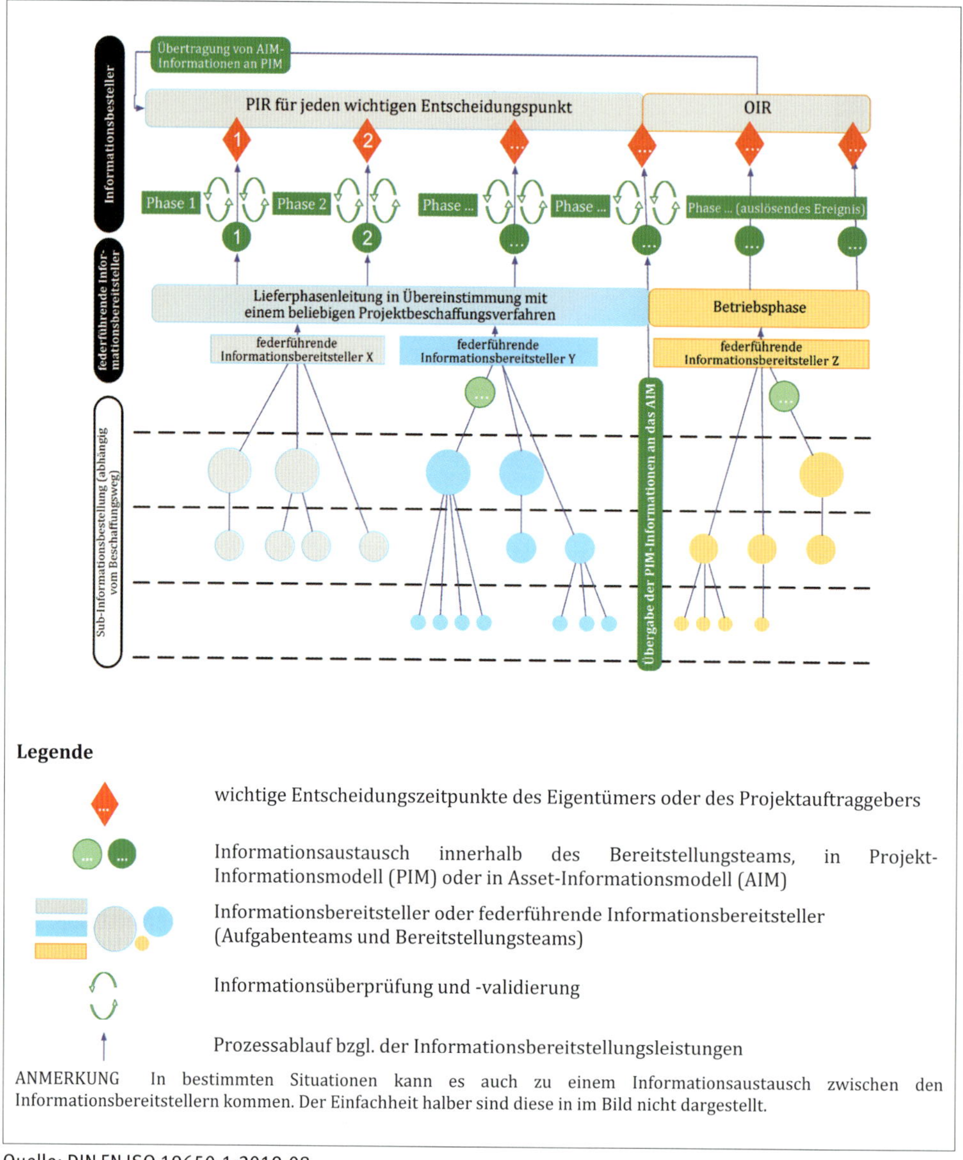

Quelle: DIN EN ISO 19650-1:2019-08

Bild 27: Beispiel und Zusammenfassung zu Informationsbereitstellung und Informationsaustausch (Bild 9 in DIN EN ISO 19650-1)

Das nachfolgende Schema stellt eine gültige Vereinfachung dar.

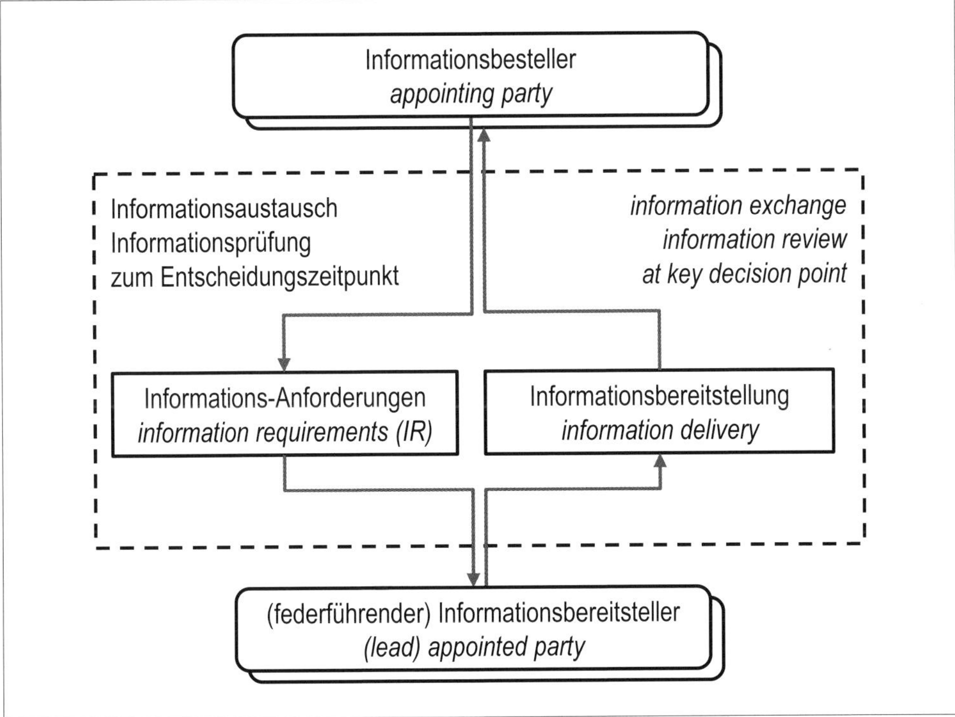

Quelle: Volker Krieger

Bild 28: Vereinfachte Darstellung der Prozesse, der Merkmale und der Beteiligten in der Informationsbereitstellung (CC-BY-NC-SA 3.0)

Auch eine Informationsbereitstellung zwischen Informationsbereitstellern untereinander (nicht in Bild 9 dargestellt) ist erlaubt. Doch auch hier gilt: zuerst Informationsanforderung spezifizieren, dann Information bereitstellen.

6.3.5 Zusammenfassung der Informationsbereitstellung von Projekt- und Asset-Bereitstellungsteams

Bild 9 zeigt die Kaskade der Anforderungen und die Bereitstellung von Informationen für eine bestimmte Beschaffungsart. Es ist möglich, verschiedene Anordnungen von Projektphasen, andere wichtige Entscheidungspunkte und einen anderen Informationsaustausch als die abgebildeten zu verwenden. Ein Beispiel ist die Bereitstellung von Fortschrittsinformationen durch die Bauleitung an den Auftraggeber während der Bauphase. Die in 6.3.2, 6.3.3 und 6.3.4 erläuterten Hauptmerkmale sollten jedoch für alle Vereinbarungen der Projektabwicklung und des Asset-Managements gelten.

4.3.9 Funktionen des Informationsmanagements (Teil 1, Abschnitt 7)

In DIN EN ISO 19650 (alle Teile) ist möglichst auf die Definition einer „Rolle" verzichtet worden[32]. Stattdessen wird das Konzept der „Funktion" verwendet. Funktionen sind unpersönlich und implizieren richtigerweise Funktionalitäten. Letztere sind gewünscht und unabdingbar im Informationsmanagement.

Funktionen sind Bestandteil einer Informationsbestellung. Sie werden durch die mit der Informationsbestellung einhergehenden Anforderungen von Leistungen spezifiziert.

Funktionen lassen sich in Beziehung setzen zu Verantwortlichkeiten (*engl. responsibility*). Verantwortlichkeiten beschreiben die Zuweisung von Verantwortung (ebenfalls *engl. responsibility*). Verantwortungen können einzelnen oder mehreren Personen oder auch einer Organisation übertragen werden. Funktionen und Verantwortlichkeiten sind deshalb nicht zu verwechseln mit Zuständigkeiten oder der Zuweisung von Aufgaben.

Funktionen und Verantwortlichkeiten lassen sich in einem Schema-Instanz-Konzept verstehen:

- Funktionen und Verantwortlichkeiten sind Schemata

  und sind auch als solche in einem Informationsmanagement zu verankern (schematische Vorgaben).

- Aufgaben und Verantwortungen sind Instanzen

  und werden unter Berücksichtigung von Verantwortlichkeiten und Befähigung bestimmten Organisationseinheiten zugewiesen (Instanzen).

Funktionen lassen sich auch als Anwendungsfälle (*engl. use case*)[33] oder als Bestandteile eines Anwendungsfalles verstehen. Damit wären Anwendungsfälle grundsätzliche Bestandteile eines Informationsmanagements nach DIN EN ISO 19650. Anwendungsfälle werden in ISO 29481 (alle Teile) eingeführt und in der begleitenden CEN-Normierung behandelt (siehe auch obiges Kapitel 2).

32 Der Begriff „BIM-Manager" taucht in DIN EN ISO 19650 (alle Teile) nicht auf.

33 Die ursprüngliche Benennung „usage scenario" verdeutlicht die Absicht. Quelle: Ivar Jacobson, e-book Use cases 2.0, Selbstverlag 2011

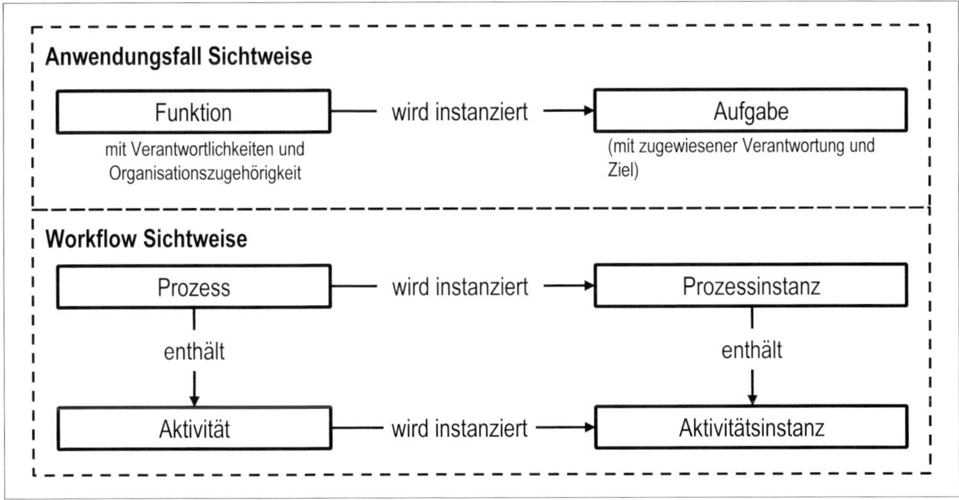

Quelle: Volker Krieger

Bild 29: Funktionen im Sinne eines Anwendungsfalles (*engl. use case*) im Vergleich zur Workflow-Sichtweise, bestehend aus Prozessen (CC-BY-NC-SA 3.0)

Anwendungsfälle und Funktionen werden aufgabenorientiert betrachtet. Ihre Konzepte werden im Systemmanagement angewendet. Workflow, Prozesse und Aktivitäten sind handlungsorientiert und werden im Informationsmanagement angewendet. Oftmals betrachten beide Konzepte die gleiche Situation, verwenden jedoch Begrifflichkeiten aus jeweils ihrer Perspektive (Sichtweisen-Paradoxon). Dies kann insbesondere auf der Ebene der Informationstechnologie (z. B. bei der Software-Entwicklung) geschehen und zu Verständniskonflikten führen.

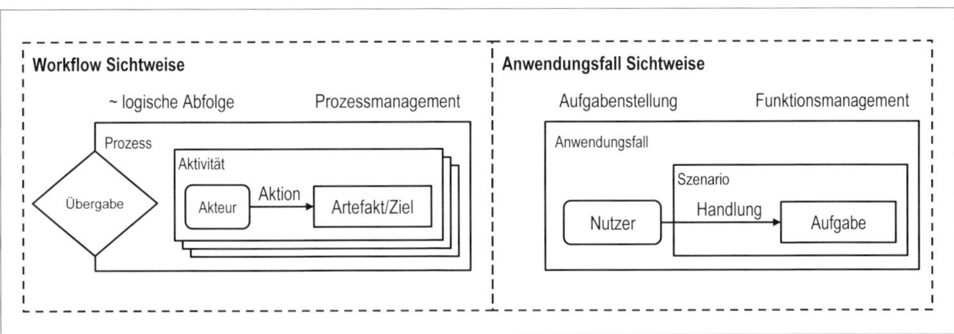

Quelle: Volker Krieger

Bild 30: Gegenüberstellung der Bestandteile eines Workflows und eines Anwendungsfalls. Einige Begrifflichkeiten sind synonym. Ein Workflow wird als eine durch Übergaben (*engl. gateways*) verknüpfte logische Kette von Prozessen betrachtet. Eine Anwendungsfall wird als eine Handlungsanweisung zur Erledigung einer Aufgabe aufgefasst. (CC-BY-NC-SA 3.0)

In DIN EN ISO 19650-1, Kapitel 7, werden die folgenden Typen von Informationsmanagementfunktionen unterschieden:

- Funktionen des Asset-Informationsmanagements (Teil 1, Abschnitt 7.2),
- Funktionen des Projekt-Informationsmanagements (Teil 1, Abschnitt 7.3) und
- Funktionen des Aufgaben-Informationsmanagements (Teil 1, Abschnitt 7.4).

Funktionen des Asset-Informationsmanagements sind aufgrund der zeitlichen Charakteristik des Assetmanagements eher langfristig angelegt. Deshalb ist hier mit gelegentlicher Aufgabenübertragung von Verantwortung zu rechnen.

Funktionen des Projekt-Informationsmanagements reflektieren die Komplexität des Projekts. Hier ist deshalb auf eine Kontinuität in der Aufgabenzuteilung zu achten.

Funktionen des Aufgaben-Informationsmanagements kommen zum Einsatz, wenn Informationsbereitstellungen durch mehrere Aufgabenteams erfolgen. Jedem dieser Aufgabenteams sind Informationsmanagementfunktionen zugewiesen. Eine wichtige Funktion erwächst aus der Anforderung, den Informationsaustausch über die verschiedenen Aufgabenstellungen hinweg zu koordinieren. Dies nimmt Bezug auch auf den letzten Satz im vorherigen Abschnitt „Zusammenfassung der Informationsbereitstellung (Teil 1, Abschnitt 6.3.5)“.

7 Projekt- und Asset-Informationsmanagementfunktionen

7.1 Grundsätze

Die Eindeutigkeit der Funktionen, die Verantwortung, die Autorität und der Umfang jeder Aufgabe sind wesentliche Aspekte eines effektiven Informationsmanagements. Funktionen sollten in Informationsbestellungen eingebettet werden, entweder durch einen spezifischen Leistungsplan oder durch Verweisung auf allgemeinere Verpflichtungen.

Dieses Dokument identifiziert die Arten von Informationsmanagementfunktionen, die in Betracht gezogen werden sollten, sowie deren Verantwortlichkeiten und sollte in Verbindung mit anderen Informationsbestellungsdokumentationen gelesen werden. Informationsmanagementfunktionen, Verantwortlichkeiten und Befugnisse sollten den Organisationen auf der Grundlage ihrer Angemessenheit und ihrer Fähigkeit, diese zu erfüllen, zugewiesen werden. In kleineren Organisationen oder Projekten dürfen mehrere Funktionen von derselben Person oder Organisation wahrgenommen werden.

Informationsmanagementfunktionen sollten sich nicht auf Planungsverantwortung beziehen. Für kleinere oder weniger komplexe Assets oder Projekte dürfen jedoch Informationsmanagementfunktionen neben anderen Funktionen wie Asset-Management, Projektmanagement, Designteamleitung oder Bauleitung ausgeführt werden.

Es ist wichtig, Funktionen und Verantwortlichkeiten des Informationsmanagements nicht mit Berufsbezeichnungen oder mit Arbeits- oder anderen Aufgabengebieten zu verwechseln.

Bei komplexen Asset-Management- oder Projektlieferaktivitäten kann es sinnvoll sein, eine spezifische Funktion der Informationserleichterung oder des Informationsprozessmanagements zur Unterstützung der Teamarbeit und Zusammenarbeit zu definieren. Dies sollte eine bessere Fokussierung auf diese verschiedenen Aspekte des Informationsmanagements für die effiziente Umsetzung des Informationsmanagementprozesses ermöglichen.

7.2 Asset-Informationsmanagementfunktionen

Die Komplexität der Asset-Informationsmanagementfunktionen sollte den Umfang und die Komplexität des zu verwaltenden Assets oder Portfolios widerspiegeln. Es ist wichtig, dass während des gesamten Lebenszyklus eines Assets Funktionen zugewiesen werden. Angesichts des langfristigen Charakters des Asset-Managements ist es jedoch fast sicher, dass die Funktionen von einer Reihe von Organisationen oder Einzelpersonen erfüllt werden. Daher ist es wichtig, dass die Nachfolgeplanung im Informationsmanagementprozess angemessen berücksichtigt wird.

In Bezug auf Assets kann das Asset-Informationsmanagement einer oder mehreren Personen aus dem Personal des Auftraggebers zugeordnet werden. Asset-Informationsmanagement beinhaltet die Führung bei der Validierung von Informationen, die von jedem Informationsbereitsteller zur Verfügung gestellt werden, und die Führung bei der Autorisierung für die Aufnahme in das Asset-Informationsmodell. Die Funktion des Asset-Informationsmanagements sollte bereits im frühesten Stadium der Asset-Managements zugewiesen werden.

Am Ende eines jeden Projekts sollten die wichtigen Informationen, die übergeben werden, Informationen umfassen, die für den Betrieb und die Wartung des Assets erforderlich sind. Daher sollte das Asset-Informationsmanagement in alle Phasen der Projektabwicklung nach Tabelle 1 einbezogen werden.

7.3 Funktionen des Projekt-Informationsmanagements

Die Komplexität der Projekt-Informationsmanagementfunktionen sollte den Umfang und die Komplexität der Projektinformationen widerspiegeln. Es ist wichtig, dass die Funktionen jederzeit während des Projekts zugewiesen werden, aber die Reihenfolge der Informationsbestellungen und ihr Umfang sollten den verwendeten Beschaffungsweg widerspiegeln.

Das Projekt-Informationsmanagement beinhaltet die Führung bei der Festlegung des Informationsstandards des Projekts, der Erzeugungsmethoden und -verfahren sowie der gemeinsamen Datenumgebung des Projekts.

Der Informationsbesteller übergibt die Verantwortung für die Bereitstellung von Informationen an den jeweiligen federführenden Informationsbereitsteller. Die Zuordnung dieser Zuständigkeiten sollte projektspezifisch sein und die Bestellung sollte dokumentiert werden.

7.4 Informationsmanagementfunktionen für Aufgaben

Wenn Bereitstellungsteams in Aufgabenteams unterteilt sind, sollten für jedes Aufgabenteam Informationsmanagementfunktionen zugewiesen werden. Das Informationsmanagement auf der Ebene eines Aufgabenteams befasst sich sowohl mit den mit dieser Aufgabe verbundenen Informationen als auch mit der Anforderung, Informationen über mehrere Aufgaben hinweg zu koordinieren.

Aufgabe 5

Übung: Informationsbereitstellung

Erstellung und Bereitstellung einer Information

- Erstellen oder (falls vorhanden) nehmen Sie einen Informationscontainer (z. B. eine Telefonliste, eine Zeichnungsdatei oder einen Datenbankzugang).
- Erstellen Sie eine Tabelle der Beteiligten (projektintern und -extern), die auf diese Information Zugriff haben sollen.
- Ergänzen Sie diese Tabelle um die Spalten (Austausch-)Informationsinhalt, Austauschformate, Zugriffsrechte, Austauschzeitplan und füllen Sie diese aus, soweit möglich.

Stellen Sie diese Tabelle allen Beteiligten zur Verfügung, ohne Zugriffsrechte zu verletzen.

4.4 Beteiligte im Informationsmanagement (Teil 1, Kapitel 8 und 9)

Funktionen des Informationsmanagements legen Abläufe im Informationsmanagement fest – zunächst ohne direkten Bezug zu verantwortlich handelnden Personen oder Rollen (Schema-Instanz Konzept). Dieses Kapitel befasst sich mit den handelnden Personen nach DIN EN ISO 19650. Hierfür sind neue Begrifflichkeiten eingeführt worden. Noch in der UK PAS 1192 wurde von einer „Auftraggeber-Informations-Anforderung" gesprochen (EIR – *engl. employers information requirement*). In DIN EN ISO 19650 (alle Teile) wird sowohl im Englischen wie auch im Deutschen der Begriff „Auftraggeber" vermieden. Es soll deutlich werden, dass Informationen der Gegenstand des BIM nach DIN EN ISO 19650 sind. Die „*deliverable*" ist eine „Informationsleistung". Sie ist keine gegenständliche Tür, die auf die Baustelle geliefert wird – sondern die Information über die Tür. Wer verstanden hat, dass die Informationen über ein Asset wertvoller sind als das Asset selbst, hat einen wesentlichen Grundsatz von „BIM nach 19650"[34] verstanden.

Tabelle 9: Beteiligte des Informationsmanagements nach DIN EN ISO 19650 (CC-BY-NC-SA 3.0)

Definition in DIN EN ISO 19650 Teil 1	Beteiligte(r)	Normative Definition
3.2.1	Akteur *actor*	Person, Organisation oder Organisationseinheit, die in einen Bauprozess eingebunden ist
3.2.5	Auftraggeber *client*	Akteur (3.2.1), der für die Initiierung eines Projekts und die Genehmigung eines Auftrags verantwortlich ist

34 Nach Finith Jernigan, „BIG BIM – little bim".

Definition in DIN EN ISO 19650 Teil 1	Beteiligte(r)	Normative Definition
3.2.4	Informations-besteller *appointing party*	Empfänger von Informationen über Arbeiten, Waren oder Dienstleistungen von einem federführenden Informationsbereitsteller
3.2.3	Informations-bereitsteller *appointed party*	Anbieter von Informationen über Arbeiten, Waren oder Dienstleistungen
3.2.6	Bereitstellungs-team *delivery team*	federführender Informationsbereitsteller (3.2.3) und beteiligte Informationsbereitsteller
3.2.7	Aufgabenteam *task team*	Individuen, die sich zur Ausführung einer bestimmten Aufgabe zusammengefunden haben oder zusammengestellt wurden

Deutlich zu unterscheiden sind die allgemeinen Beteiligten (Akteur und Auftraggeber) von den Beteiligten mit direktem Bezug zum Informationsmanagement.

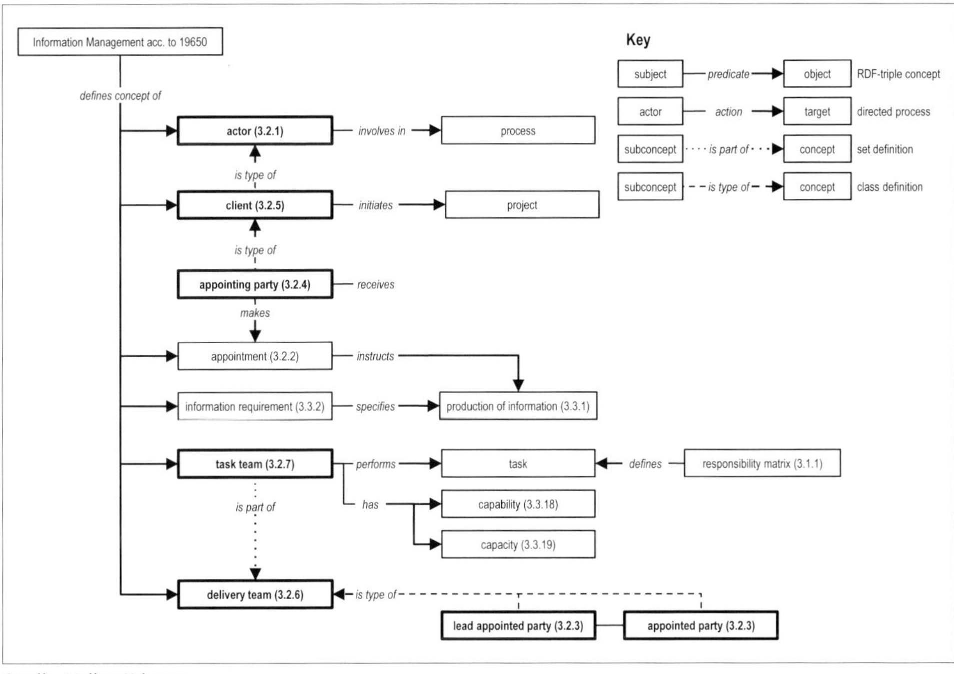

Quelle: Volker Krieger

Bild 31: Allgemeine Übersicht der Beziehungen aller am Informationsmanagement nach DIN EN ISO 19650 Beteiligten untereinander (CC-BY-NC-SA 3.0)

4.4.1 Prüfung der Beteiligten

In Teil 1, Kapitel 8, werden die Aufgaben des Bestellers und des Bereitstellers beschrieben. Vorrangige Aufgabe ist die Prüfung (Evaluation) und Bewertung (*engl. review*) des Bereitstellers durch den Besteller. Evaluiert werden ...

- Fähigkeit (*engl. capability*) (z. B. hinsichtlich der technischen Kompetenz) und
- Kapazität (*engl. capacity*) (z. B. zur Einhaltung von Fristen und technische Mittel).

Die Prüf- und Bewertungsverfahren müssen offengelegt werden und können zeitlich gestaffelt sein. Prüfung und Bewertung müssen vor der Bestellung beendet sein.

8 Fähigkeit und Kapazität des Bereitstellungsteams

8.1 Grundsätze

Die Informationsbesteller sollte die Fähigkeit und Kapazität des voraussichtlichen Bereitstellungsteams, die Informationsanforderungen zu erfüllen, überprüfen. Diese Überprüfung kann von dem Informationsbesteller, vom voraussichtlichen Bereitstellungsteam selbst oder von einer unabhängigen Organisation durchgeführt werden. Der Umfang der Überprüfung sollte dem voraussichtlichen Bereitstellungsteam zur Verfügung gestellt werden. Die Überprüfung kann in mehr als einem Schritt durchgeführt werden, z. B. wenn die Präqualifikation verwendet wird, sollte aber vor der Bestellung abgeschlossen werden.

Fähigkeit bezieht sich auf die Befähigung, eine bestimmte Tätigkeit auszuführen, z. B. durch die notwendige Erfahrung, Kompetenz oder technische Ressourcen. Unter Kapazität versteht man die Fähigkeit, eine Leistung in der erforderlichen Zeit zu erbringen.

Wenn eine neue Bestellung während eines Rahmenvertrags oder einer ähnlichen langfristigen Vereinbarung erfolgt, darf der Umfang der Überprüfung auf die relevanten Aspekte der Fähigkeit und Kapazität reduziert werden. Beispielsweise müssen in einem Projektrahmenvertrag die Erfahrungen des voraussichtlichen Bereitstellungsteams und der Zugang zu Informationstechnologien nicht für jedes neue Projekt bewertet werden, es sei denn, die Anforderungen unterscheiden sich erheblich von denen früherer Projekte. In einem Rahmenvertrag für die Instandhaltung von Assets muss die Leistungsfähigkeit des voraussichtlichen Bereitstellungsteams möglicherweise nur in vordefinierten Zeitabständen während des Rahmenvertrages und nicht vor jeder Wartungstätigkeit neu bewertet werden.

8.2 Umfang der Fähigkeits- und Kapazitätsprüfung

Die Überprüfung der Fähigkeit und Kapazität des voraussichtlichen Bereitstellungsteams sollte mindestens Folgendes umfassen:

- die Verpflichtung zur Einhaltung dieses Dokuments und der Informationsanforderungen;
- die Fähigkeit des voraussichtlichen Bereitstellungsteams, kollaborativ zu arbeiten, und seine Erfahrung in der Zusammenarbeit auf Basis von Informationscontainern;

- Zugang zu und Erfahrung mit den Informationstechnologien, die im Rahmen der Informationsanforderungen spezifiziert oder vorgesehen sind oder vom Bereitstellungsteam vorgeschlagen werden; und
- die Größe der erfahrenen und entsprechend ausgestatteten Personalressource innerhalb des voraussichtlichen Bereitstellungsteams, das für die Bearbeitung des vorgeschlagenen Assets oder der Projektaufgaben zur Verfügung steht.

Die Mindestanforderungen, die bei Prüfung und Bewertung gestellt werden, sind:

- Einhaltung der DIN EN ISO 19650 Teil 1
- Einhaltung der Informationsanforderungen
- Erfahrungen in kollaborativer Zusammenarbeit nach DIN EN ISO 19650
- Erfahrungen mit geforderten Informationstechnologien
- personelle und technische Kapazität des Bereitstellungsteams

Aufgabe 6

Übung: Prüfung der Beteiligten

Prüfung der Befähigung der Beteiligten an einem Projekt.

- Wählen Sie ein Projekt und darin eine Projektphase aus (z. B. Planung eines Kindergartens – Entwurfsphase).
- Erstellen Sie eine Tabelle aller Beteiligten (unter Einbeziehung der Ergebnisse aus der Übung „Informationsbereitstellung"), die in diesem Projekt auf diese Informationen Zugriff haben sollen.
- Ergänzen Sie diese Tabelle um die Spalten zur Messung der Befähigung (z. B. Kenntnisse, Werkzeuge, Personal – jeweils mit Unterspalten wie gefordert, vorhanden, notwendige Maßnahme)
- Überlegen Sie sich, wie Sie die einzelnen Kriterien messen können.

4.4.2 Zusammenarbeit durch Informationscontainer

In Teil 1, Kapitel 9, wird die kollaborative Zusammenarbeit der Beteiligten auf Basis von Informationscontainern beschrieben. Der Informationscontainer ist – neben dem Akteur – die andere grundsätzliche „Entität" im Informationsmanagement.

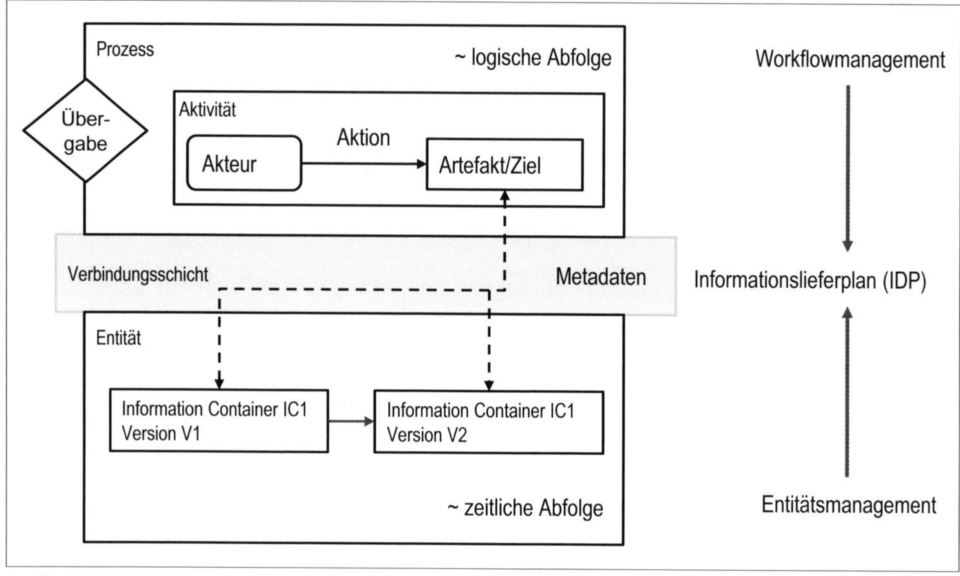

Quelle: Volker Krieger

Bild 32: Akteur und Informationscontainer als wichtigste Konzepte im Informationsmanagement nach DIN EN ISO 19650

Die Vorgängerversion der UK PAS 1192 war noch geprägt von dateibasierter Zusammenarbeit (*engl. file-based collaboration*). Zu jener Zeit waren hauptsächlich elektronische Dokumentenmanagement-Systeme ((P)DMS – *engl. (project) documentation management systems*) im Einsatz. Auch wenn damals schon vermehrt auf Datenbanken als protokollierendes Rückgrat zurückgegriffen wurde, ging es doch hauptsächlich darum, Dokumente als Informationsträger für alle Beteiligten effizient zu verwalten und zur Verfügung zu stellen. (P)DMS-Systeme können als Vorläufer der gemeinsamen Datenumgebung gemäß BIM nach 19650 (CDE – *engl. common data environment*) verstanden werden. BIM nach 19650 erweitert das Konzept „Dokument“ oder „Datei“ und definiert den „Informationscontainer“ ganz allgemein als eine „persistente, zusammengehörige Informationsmenge, die einer Speicherhierarchie entnommen werden kann“ (*engl. persistent set of information retrievable from storage hierarchy*).

9 Kollaboratives Arbeiten auf Basis von Informationscontainern

Die kollaborative Erzeugung von Informationen sollte allgemein als strukturierte Information definiert werden, um die Grundprinzipien des kollaborativen Arbeitens mit Informationscontainern zu erreichen.

Diese Grundprinzipien sind wie folgt:

a) Die Autoren produzieren Informationen, die sie kontrollieren und auf Besitzansprüche überprüfen, nur dann, wenn sie von anderen als Referenz, Teilmodell oder zum direkten Informationsaustausch benötigt werden;

b) Bereitstellung klar definierter Informationsanforderungen auf höherer Managementebene durch mit dem Projekt oder dem Asset verbundene Interessenten und auf detaillierter Arbeitsebene durch den Informationsbesteller;

c) Berücksichtigung des vorgeschlagenen Ansatzes, der Fähigkeit und der Kapazität jedes Bereitstellungsteams vor der Ernennung durch einen Informationsbesteller entsprechend den Informationsanforderungen;

d) Bereitstellung einer gemeinsamen Datenumgebung zum Managen und Speichern geteilter Informationen mit angemessener und sicherer Verfügbarkeit für alle Personen oder Organisationen, die diese Informationen erstellen, verwenden und pflegen müssen;

e) Informationsmodelle, die mit Technologien entwickelt werden, die diesem Standard entsprechen;

f) Prozesse im Zusammenhang mit der Sicherheit von Informationen sollten während der gesamten Lebensdauer des Assets eingerichtet werden, um Probleme wie unbefugten Zugriff, Informationsverlust oder -verfälschung, -verschlechterung und, – soweit durchführbar – Informationsüberalterung anzugehen.

Die grundlegenden Prinzipien kollaborativer Zusammenarbeit auf Basis von Informationscontainern sind:

- Steuerung und Kontrolle von Zugangsrechten
- Bekanntsein übergeordneter Informationsanforderungen
- Berücksichtigung der Bewertung von Fähigkeiten und Kapazitäten (vor der Bestellung)
- Bereitstellung der gemeinsamen Datenumgebung (CDE)
- Entwicklung von Informationsmodellen entsprechend ISO 19650
- Implementation von Sicherheitsmaßnahmen

Aufgabe 7

Übung: Zusammenarbeit

Strukturierung eines kollaborativen Informationsmanagements

- Erstellen Sie eine Liste der wichtigsten Informationscontainer in Ihrem Projekt (z. B. Kontaktdaten mit Zuständigkeitsbereich, (Teil-)Pläne, andere Tabellen)
- Nehmen Sie die Liste der Beteiligten aus der Übung „Prüfung der Beteiligten“.

4.5 Informationen und Informationswerkzeuge (Teil 1, Kapitel 10 bis 12)

Informationscontainer enthalten Informationen und sind die behandelten Entitäten in einem Informationsmanagement nach DIN EN ISO 19650. Dieses Kapitel befasst sich mit einigen Grundsätzen zu Informationen und mit den auf sie angewendeten Werkzeugen. Es behandelt die einzelnen Konzepte, Prozesse und Werkzeuge, die nach DIN EN ISO 19650 normativ vorgegeben sind – im Zusammenhang mit den im vorherigen Abschnitt besprochenen Beteiligten und den Informationscontainern.

Die Reihenfolge der Abschnitte wird trotz einiger Inkonsequenzen zur besseren Orientierung zum Original beibehalten:

Tabelle 10: Zuordnung der Kapitel zu Informationen und Informationswerkzeugen in der DIN EN ISO 19650 in diesem Dokument

Kapitel in diesem Dokument	Kapitel in DIN EN ISO 19650	Kapitel Thema hier	Anmerkung
4.5.1	10	Planung der Informationsbereitstellung	auch in 6.3 der Norm
4.5.2	10.3	Verantwortlichkeitsmatrix	
4.5.3	10.4	Federationsstrategie	
4.5.4	11 11.2 11.3	Grundsätze kollaborativer Informationsproduktion Informationsbedarfstiefe Informationsqualität	
4.5.5	12	Gemeinsame Datenumgebung (CDE)	
4.5.6	12.2 – 12.7	Status und Statusübergänge von Informationscontainern	

4.5.1 Planung der Informationsbereitstellung

DIN EN ISO 19650 Teil 1, Kapitel 10, behandelt die Informationsbereitstellungsplanung. Die Informationsbereitstellung selbst wurde schon vorher besprochen – hier in Kapitel 4.3 und im Teil 1 der Norm in den Kapiteln 6 und 7. Tatsächlich finden sich zur Informationsbereitstellungsplanung zwei Stellen in der Norm (siehe hier Kapitel 1.6 des Anwendungsbereichs).

Tabelle 11: Typische Duplikation von Themen an unterschiedlichen Orten in DIN EN ISO 19650

Kapitel in DIN EN ISO 19650	Kapitelüberschrift
6.3	Festlegung der Informationsanforderung und Planung der Informationsbereitstellung
10	Informationsbereitstellungsplanung

Es ist zu unterscheiden:

- Informationsbereitstellungsplanung (*engl. information delivery planning*, definiert in Teil 1 der DIN EN ISO 19650) als Methode oder Vorgehensweise und
- Informationsbereitstellungsplan (IDP – *engl. information delivery plan*, definiert in Teil 2 der ISO 19650) als ein Instrument zur Unterstützung der Methode.

Informationsbereitstellungsplanung ist eine Zusammenstellung davon, „wer“ „wie“ „welche“ Informationen „wann“ liefert (bereitstellt). Diese Planung sollte möglichst vor der Bestellung erfolgen. Die Planung kann durch ein (Liefer-)Schema dokumentiert werden. Die praktische Umsetzung mündet in einen Informationsbereitstellungsplan. Das Schema kann in einem Datenbankschema übertragen werden.

Ein Informationsbereitstellungsplan versteht sich als Plan (*engl. schedule*) im Sinne einer Aufstellung oder Aufzählung von Informationscontainern mit Angabe der Zeitpunkte der Bereitstellung und des Austauschs. Der Informationsbereitstellungsplan kann als Instanz der Planung verstanden werden. Es empfiehlt sich, den Informationsbereitstellungsplan mithilfe einer Datenbank zu verwalten. Datenbanken garantieren eine weitaus bessere Datenintegrität und -konsistenz als Tabellen.

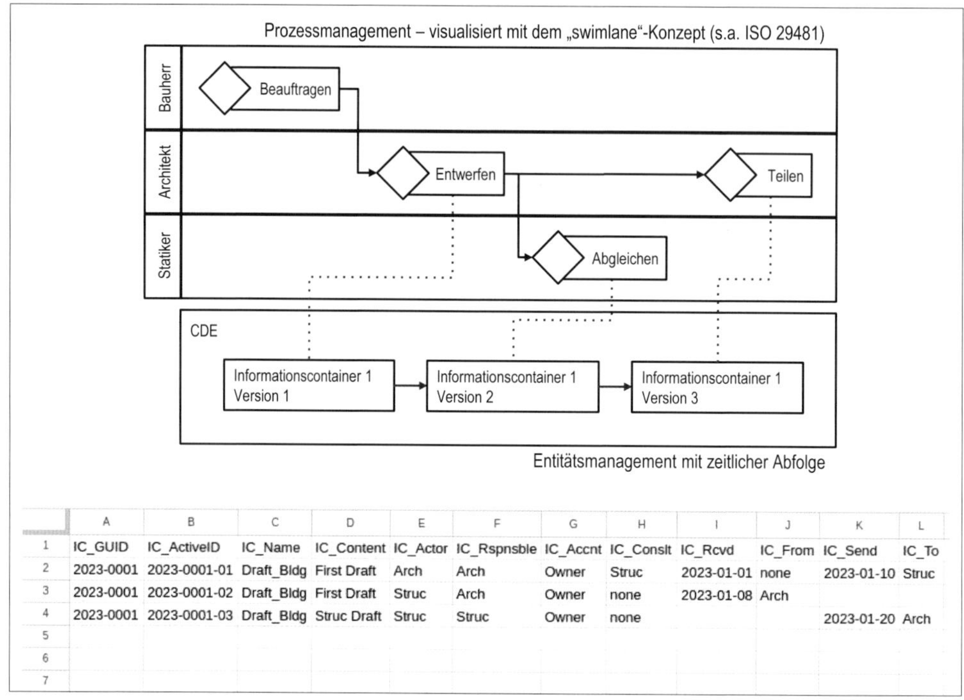

	A	B	C	D	E	F	G	H	I	J	K	L
1	IC_GUID	IC_ActiveID	IC_Name	IC_Content	IC_Actor	IC_Rspnsble	IC_Accnt	IC_Conslt	IC_Rcvd	IC_From	IC_Send	IC_To
2	2023-0001	2023-0001-01	Draft_Bldg	First Draft	Arch	Arch	Owner	Struc	2023-01-01	none	2023-01-10	Struc
3	2023-0001	2023-0001-02	Draft_Bldg	First Draft	Struc	Arch	Owner	none	2023-01-08	Arch		
4	2023-0001	2023-0001-03	Draft_Bldg	Struc Draft	Struc	Struc	Owner	none			2023-01-20	Arch
5												
6												
7												

Quelle: Volker Krieger

Bild 33: Schema und Instanz (Planung und Plan) der Informationslieferung. Die schematische Lieferplanung – visualisiert als Prozessplan nach dem „swim-“Lane-Prinzip aus ISO 29481[35] – wird umgesetzt (instanziert) und resultiert in einer tabellarischen Auflistung der einzelnen Lieferleistungen. Diese kann in einem Datenbanksystem besser und fehlerfreier geführt werden (CC-BY-NC-SA 3.0).

10 Informationsbereitstellungsplanung

10.1 Grundsätze

Die Planung der Informationsbereitstellung liegt in der Verantwortung des jeweiligen federführenden Informationsbereitstellers oder des Informationsbereitstellers. Die Pläne sollten als Antwort auf die von dem Informationsbesteller festgelegten Informationsanforderungen formuliert werden und den Umfang der Bestellung innerhalb des gesamten Lebenszyklus des Assets widerspiegeln. In jedem Informationsbereitstellungsplan sollte angegeben werden:

- wie die Informationen die in den Asset-Informationsanforderungen oder den Austausch-Informationsanforderungen definierten Anforderungen erfüllen;

35 Spezifiziert durch die Object Management Group (OMG – www.omg.org) im Rahmen der BPMN 2.0 (ISO 19510). Siehe hierzu auch die Fußnote 38.

- wann Informationen bereitgestellt werden, zunächst über Projektphasen oder Meilensteine des Asset-Managements und später über die tatsächlichen Bereitstellungstermine;
- wie die Informationen bereitgestellt werden;
- wie die Informationen mit den Informationen von anderen relevanten Informationsbereitstellern koordiniert werden sollen;
- welche Informationen bereitgestellt werden;
- wer für die Bereitstellung der Informationen verantwortlich sein wird; und
- wer der beabsichtigte Empfänger der Informationen sein wird.

Zumindest ein Teil der Planung für die Informationsbereitstellung sollte vom Informationsbereitsteller oder federführenden Informationsbereitsteller vor der Bestellung durchgeführt werden, da dies Teil der Überprüfung durch die Informationsbesteller sein sollte. Eine genauere Planung kann dann nach der Bestellung im Rahmen der Mobilisierung erforderlich sein. Bei Änderungen der Informationsanforderungen oder des Bereitstellungsteams sollte eine zusätzliche Informationsbereitstellungsplanung erfolgen.

Das Bereitstellungsteam sollte die Informationsmanagementlösung überprüfen, bevor mit der technischen Planung, dem Bau oder dem Asset-Management begonnen wird. Dies sollte Folgendes beinhalten:

- die erforderlichen Bestellungsbedingungen und diesbezügliche Änderungen müssen vorbereitet und vereinbart werden;
- die Informationsmanagementprozesse sind festgelegt;
- der Informationsbereitstellungsplan berücksichtigt die Kapazität des Bereitstellungsteams;
- das Bereitstellungsteam verfügt über die entsprechenden Fähigkeiten und Kompetenzen und
- die Technologie unterstützt und ermöglicht das Informationsmanagement nach dieser Norm.

Der Zeitplan sollte Zeiträume für Training in Bezug auf Fähigkeiten und Kompetenzen berücksichtigen. Informationen sollten über einen vordefinierten Informationsaustausch geliefert werden. Der Informationsaustausch kann zwischen Informationsbesteller und federführendem Informationsbereitsteller sowie zwischen federführenden Informationsbereitstellern stattfinden.

Die Bereitstellung von Informationen in Übereinstimmung mit den Informationsanforderungen sollte eines der Kriterien für die Abnahme einer Projekts- oder einer Asset-Managementtätigkeit sein. Jeder Informationscontainer sollte sich direkt auf eine oder mehrere vordefinierte Informationsanforderungen beziehen.

10.2 Zeiteinteilung der Informationsbereitstellung

Ein Informationslieferplan [FEHLER: Informationsbereitstellungsplan, d. A.] sollte für das gesamte Projekt oder für das kurz- und mittelfristige Asset-Management entsprechend dem Zeitplan und der Bestellung der Informationsbereitsteller definiert werden. In komplexen Situationen kann dies durch das Zusammenführen der Bereitstellungspläne für jedes Projekt oder jede Asset-Managementaufgabe erzeugt werden.

Der Zeitplan für jede Informationsbereitstellung sollte in jedem Informationsbereitstellungsplan enthalten sein, mit Bezug auf Projekt- und Asset-Managementpläne, wenn diese bekannt sind.

4.5.2 Verantwortlichkeitsmatrix

Abschnitt 10.3 zur Verantwortlichkeitsmatrix in DIN EN ISO 19650, Teil 1, ist sehr kurz. Verantwortlichkeit (und Verantwortung) ist in diesem Dokument in Kapitel 4.3.9 besprochen worden – weil die Begriffe „Verantwortung“ und „Verantwortlichkeit“ bereits in Teil 1, Kapitel 7, benutzt werden. Auch dies eine Inkonsistenz in der Reihenfolge der Nutzung von Begrifflichkeiten in der Norm selbst.

Beides – Verantwortlichkeit und Verantwortung – wird im Englischen mit *responsibility* bezeichnet und ist nur über den Kontext zu unterscheiden.

Verantwortlichkeiten müssen zugeordnet werden. Technisch kann das mithilfe des RACI-Matrix-Konzepts erfolgen. In DIN EN ISO 19650, Teil 2, wird dies in einem informativen Anhang erläutert:

Dort sind alle Aufgaben des Projekt-Informationsmanagements in der Kapitelreihenfolge der DIN EN ISO 19650, Teil 2, zeilenweise aufgeführt. Die Spalten werden gebildet durch die Akteure – in diesem Fall Informationsbesteller, Informationsbereitsteller und eventuelle Dritte. In den sich kreuzenden Zellen werden die Funktionen nach dem RACI-Prinzip notiert[36].

RACI-Matrix-Funktionen:

R = Responsible (zuständig für Durchführung)

A = Accountable (gesamt- und kostenverantwortlich)

C = Consulted (zu konsultieren (vor einer Entscheidung))

I = Informed (zu informieren)

36 In einer Datenbank wären die Aufgaben(-reihen) dann durch Datensätze repräsentiert und die Funktionen mit Attributen vergleichbar. Es sind weitere Funktionen denkbar. Die deutsche Version wird als VDMI-Matrix bezeichnet (verantwortlich, durchführend, mitarbeitend, informiert).

10.3 Verantwortlichkeitsmatrix

Im Rahmen der Informationsbereitstellungsplanung sollte eine Verantwortlichkeitsmatrix in einer oder mehreren Detaillierungsstufen generiert werden. Die Achsen einer Verantwortlichkeitsmatrix sollten identifizieren:

- Informationsmanagementfunktionen und
- entweder Projekt- oder Asset-Informationsmanagementaufgaben oder Informationsbereitstellungsleistungen entsprechend den Notwendigkeiten.

Der Inhalt einer Verantwortlichkeitsmatrix sollte die für die Achsen relevanten Details zeigen.

Die Eintragungen der Zeilen- und Spaltenköpfe im Anhang 2 der DIN EN ISO 19650, Teil 2, sind eine sinnvolle Empfehlung. Der Anhang ist informativ.

Aufgabe 8

Übung: Verantwortlichkeiten

Zuordnung von Verantwortlichkeiten nach dem Prinzip der RACI-Matrix:

- Nehmen Sie eine beliebige, Ihnen zugängliche RACI-Matrix,
- erweitern Sie die Matrix um die Spalten „S“ für unterstützend (engl. support) und „V“ für verifizierend/validierend und füllen Sie diese aus.

4.5.3 Federationsstrategie

Kapitel 10.4 der DIN EN ISO 19650, Teil 1, behandelt die Federationsstrategie. Der Begriff der Federation wurde in der EN ISO 19650 neu eingeführt, weil das im Vorgänger UK PAS 1192 benutzte räumliche Aufteilungskonzept zu eng gefasst ist.

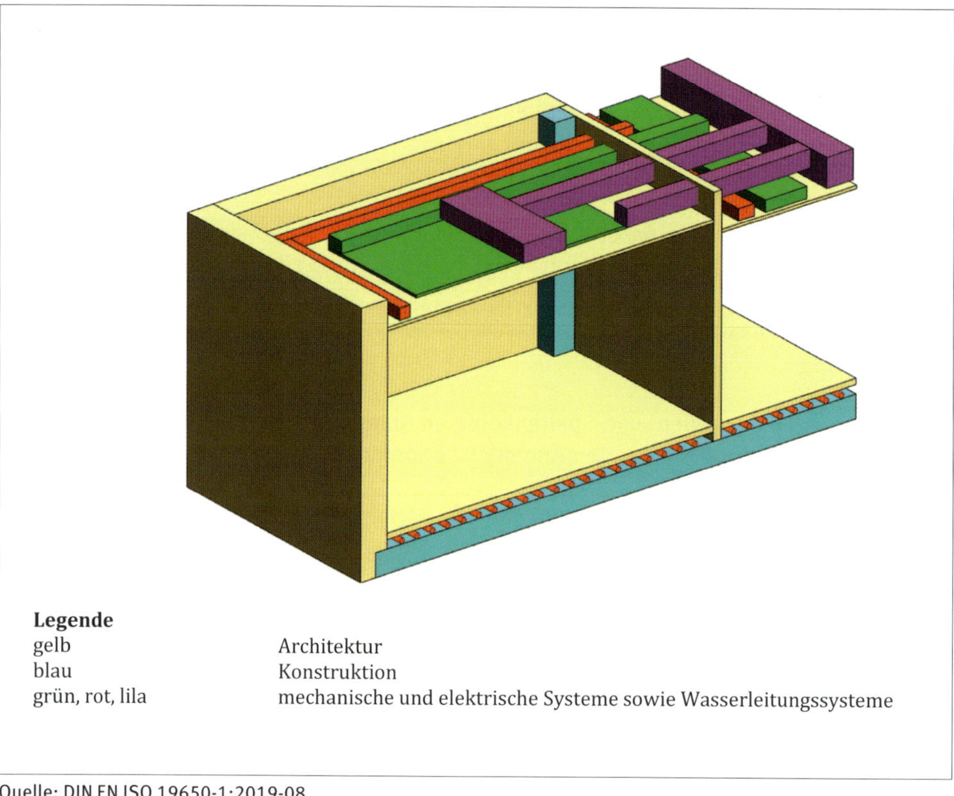

Quelle: DIN EN ISO 19650-1:2019-08

Bild 34: Die räumliche Darstellung (Bild A.2 im Anhang der DIN EN ISO 19650) beteiligter Disziplinen/Gewerke verdeutlicht die Überschneidung und Durchdringung derselben.

10.4 Festlegung der Federationsstrategie und des Strukturschemas für Informationscontainer

Der Zweck der Federationsstrategie und der Informationscontainerstruktur ist es, die Erzeugung von Informationen durch separate Aufgabenteams auf das in 11.2 beschriebene Niveau des Informationsbedarfs zu planen.

Die Federationsstrategie sollte im Rahmen der Informationsplanung entwickelt werden. Sie sollte erklären, wie das Informationsmodell in einen oder mehrere Sätze von Informationscontainern aufgeteilt werden soll. Die Zuordnung kann durch Betrachtung des Informationsmodells in verschiedenen Sichtweisen, wie z. B. funktional, räumlich oder geometrisch, erfolgen. Das Konzept der funktionalen Zuordnung wird durch eine semantische Modellsicht unterstützt. Die geometrische Modellansicht wird häufig während der Bereitstellungsphase verwendet.

Die Federationsstrategie sollte in der Detailplanung zu einem oder mehreren Informationscontainer-Strukturschemen weiterentwickelt werden, um die Zusammenhänge zwischen den Informationscontainern näher zu erläutern. Die Federationsstrategie und das Strukturschema der Informationscontainer erläutern die Methodik für das Management der Schnittstellen, die mit dem Asset während ihrer Bereitstellungs- oder Betriebsphase verbunden sind. Verschiedene Anordnungen von Informationscontainern sollten für unterschiedliche Zwecke definiert werden, wie z. B. funktionale Kompatibilität, räumliche Koordination oder geometrische Schnittstellen. Dies sollte in einem angemessenen Verhältnis zur Komplexität des Assets oder des Projekts stehen. Erläuterungen und Beispiele für verschiedene Anwendungen der Federations- und Informationscontaineraufteilung sind in Anhang A aufgeführt.

Die Federationsstrategie und das Strukturschema der Informationscontaineraufteilung sollten aktualisiert werden, wenn neue Aufgabenteams ernannt werden. Aktualisierungen können auch erforderlich sein, da sich die Art der ausgeführten Arbeiten ändert, insbesondere wenn diese von dem Asset-Management zur Projektabwicklung hin und umgekehrt wechseln.

Informationscontainer im Strukturschema sollten mit Querverweisen zu Aufgabenteams versehen werden. Definieren die Federationsstrategie und das Strukturschema der Informationscontainerstruktur nur einen Satz von Informationscontainern, so sollte jedem Aufgabenteam ein oder mehrere Informationscontainer aus dem Satz zugeordnet werden und jeder Informationscontainer sollte nur einem Aufgabenteam zugeordnet werden.

Sowohl die Definition der Federationsstrategie als auch der Struktur der Informationscontainer stellen strategische Aktivitäten im Zusammenhang mit der Projektphase oder dem Asset dar und sollten gemeinsam vereinbart werden. Sie sollten durch Funktionen wahrgenommen und verwaltet werden, die den strategischen Ansatz der Projektabwicklung und des Asset-Managements verstehen.

Die Federationsstrategie und das Strukturschema der Informationscontainer sollten allen Organisationseinheiten, die an Projekt- oder Asset-Aktivitäten beteiligt sind, kommuniziert werden. Es kann hilfreich sein, Illustrationen oder detaillierte Beschreibungen zu erstellen und bereitzustellen. Die sicherheitstechnischen Auswirkungen der Kommunikation der Federationsstrategie oder des Strukturschemas der Informationscontainer sollten berücksichtigt werden, was deren Verbreitung einschränken kann.

4.5.4 Grundsätze kollaborativer Informationsproduktion

DIN EN ISO 19650, Teil 1, führt im Kapitel 11.1 die „Gemeinsame Datenumgebung (CDE) Lösung und Workflow“ ein und verknüpft sie in den nachfolgenden Kapiteln 11.2 und 11.3 mit den Konzepten der Informationsbedarfstiefe (*engl. level of information need (LoIN)*) und der Informationsqualität. Eine ausführlichere Beschreibung des CDE-Konzepts erfolgt im nachfolgenden Kapitel 12 der DIN EN ISO 19650-1.

11 Management der kollaborativen Erzeugung von Informationen

11.1 Grundsätze

Es sollte eine gemeinsame Datenumgebungs-(CDE)-Lösung und ein gemeinsamer Arbeitsablauf implementiert werden, um den Zugriff auf die Informationen denjenigen zu ermöglichen, die dies in ihrer Funktion wahrnehmen müssen. Die Lösung kann auf verschiedene Weise und mit unterschiedlichen Technologien implementiert werden. In „BIM nach ISO 19650" ermöglichen die gemeinsame Datenumgebungs-(CDE)Lösung und der gemeinsame Datenumgebungs-(CDE)-Workflow die Entwicklung eines „federierten" Informationsmodells. Dazu gehören Informationsmodelle von verschiedenen federführenden Informationsbereitstellern, Bereitstellungsteams oder Aufgabenteams. Die Sicherheit und die Qualität der Informationen sollte berücksichtigt und gegebenenfalls in die Definition oder in die Vorschläge für die gemeinsame Datenumgebung einbezogen werden. Detailliertere Konzepte und Grundsätze zur gemeinsame Datenumgebungs-(CDE)-Lösung und zum Arbeitsablauf sind in Abschnitt 12 zu finden.

Probleme im Informationsmodell sollten bei der Erzeugung von Informationen vermieden und nicht erst nach der Bereitstellung von Informationen erkannt werden. Probleme könnten räumliche Gegebenheiten sein, wie z. B. Konflikte von Bauelementen und Gebäudetechnik mit gleichem Raumbedarf, oder funktionale Aspekte, wie z. B. Brandschutzmaterialien, die mit der geforderten Brandschutzklasse einer Wand unvereinbar sind. Räumliche Koordinationsfragen können unterschiedlich sein, zum Beispiel „hart", wenn zwei Objekte den gleichen Raum einnehmen, oder „weich", wenn ein Element den Betriebs- oder Wartungsraum eines anderen Elements einnimmt, oder „Zeit", wenn zwei Objekte gleichzeitig am gleichen Ort vorhanden sind. Dieses Prinzip verstärkt die Forderung nach einer Federationsstrategie (siehe 10.4).

Allgemeine Informationen sollten vor der Auswahl oder Herstellung des Endprodukts verwendet werden, wie solche für den Platzbedarf für die Installation, den Anschluss, die Wartung und den Austausch, und durch spezifische Informationen ersetzt werden, sobald diese verfügbar sind.

Alle Rechte in Bezug auf Informationen sollten durch Vereinbarungen zwischen den betroffenen Organisationen geregelt werden.

11.2 Informationsbedarfstiefe

Die Informationsbedarfstiefe jeder einzelnen Informationsbereitstellungsleistung sollte entsprechend ihrem Zweck bestimmt werden. Dazu sollte auch die angemessene Bestimmung der Qualität, Quantität und Granularität der Informationen gehören. Dies wird als Informationsbedarfstiefe bezeichnet und kann von Informationsbereitstellungsleistung zu Informationsbereitstellungsleistung variieren.

Es gibt eine Reihe von Metriken, um die Informationsbedarfstiefe zu bestimmen. So können beispielsweise zwei komplementäre, aber unabhängige Metriken den geometrischen und alphanumerischen Inhalt in Bezug auf Qualität, Quantität und Granularität definieren. Sobald diese Metriken definiert sind, sollten sie zur Bestimmung des Informationsbedarfs über das gesamte Projekt oder die gesamte Anlage herangezogen werden. All dies sollte innerhalb der organisatorischen Informationsanforderungen, Projekt-Informationsanforderungen, Asset-Informationsanforderungen oder Austausch-Informationsanforderungen klar und deutlich beschrieben werden.

Die Informationsbedarfstiefe sollte durch die Mindestmenge an Informationen bestimmt werden, die zur Erfüllung jeder relevanten Anforderung benötigt werden, einschließlich der von anderen Informationsbereitstellern geforderten Informationen, aber nicht darüber hinausgehen. Alles, was über dieses Mindestmaß hinausgeht, ist als Verschwendung anzusehen. Die federführenden Informationsbereitsteller sollten das Risiko in Betracht ziehen, dass durch den automatischen Import von Objektinformationen in Informationsmodelle ein höheres Maß an Informationsbedarfstiefe entstehen kann, als es erforderlich ist.

Die Relevanz einer Informationsbereitstellungsleistung steht nicht immer in einem Zusammenhang mit ihrer Granularität. Die Informationsbedarfstiefe ist jedoch eng mit der Federationsstrategie verknüpft (siehe 10.4).

Die Granularität alphanumerischer Informationen sollte als mindestens so wichtig angesehen werden wie die Granularität geometrischer Informationen.

11.3 Informationsqualität

Die in der gemeinsamen Datenumgebung verwalteten Informationen sollten für alle Beteiligten nachvollziehbar sein. Zu diesem Zweck sollte Folgendes vereinbart werden:

- Informationsformate;
- Bereitstellungsformate;
- Struktur des Informationsmodells;
- die Mittel zum Strukturieren und Klassifizieren von Informationen; und
- Attributnamen für Metadaten, z. B. Eigenschaften von Konstruktionselementen und Informationsbereitstellungsleistungen.

Die Klassifizierung von Objekten sollte in Übereinstimmung mit den Grundsätzen von ISO 12006-2 erfolgen. Objektinformationen sollten in Übereinstimmung mit ISO 12006-3 sein, um den Austausch von Objekten zu unterstützen.

Eine automatisierte Überprüfung der Informationen in der gemeinsamen Datenumgebung sollte in Betracht gezogen werden.

4.5.5 Gemeinsame Datenumgebung (CDE)

DIN EN ISO 19650, Teil 1, führt in den Kapiteln 11.1 und 12 die gemeinsame Datenumgebung (CDE – *engl. common data environment*) ein. Während der Normungsarbeit an der ISO 19650 wurde die Bezeichnung der „gemeinsamen Datenumgebung (CDE)" ergänzt um die Begriffe „Lösung" und „Workflow" (*engl. solution and workflow*). Damit wurde das ursprüngliche Konzept eines reinen Dokumenten-Repositoriums der UK PAS 1192 erweitert um ein Prozessmanagement im Sinne eines Workflows.

Unter CDE Lösung wird sowohl die technische Realisierung des Informationsmanagements nach DIN EN ISO 19650 wie auch das Management von Entitäten (ergänzend zum Prozessmanagement des Workflows) verstanden – in Erweiterung eines bisher üblichen Datei- oder Dokumentenmanagements. Im Folgenden steht die Abkürzung „CDE" für „CDE Lösung und Workflow".

Eine CDE kann mithilfe eines Schichtenkonzepts verstanden werden.

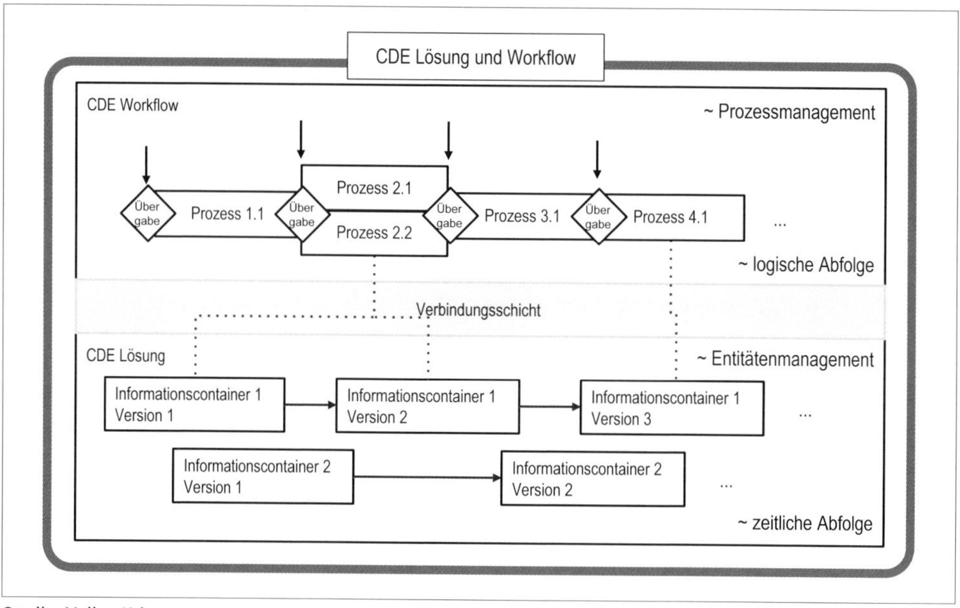

Quelle: Volker Krieger

Bild 35: Schichten eines CDE-Konzepts mit einer Workflow-Schicht für das Prozessmanagement, der „Lösungs-"Schicht für das Management der Informationscontainer und einer Verbindungsschicht, die die Artefakte der Prozesse mit dem Entitätsmanagement der Informationscontainer verbindet (CC-BY-NC-SA 3.0).

Hinweis 12

Anmerkung zum Workflow[37]

„Workflow" ist ein Begriff aus der Organisationslehre und bezeichnet die räumliche und zeitliche Reihenfolge von funktional, physikalisch oder technisch zusammengehörenden Arbeitsvorgängen. Workflow kann als abstraktes Konzept (Schema) wirklicher Arbeitsprozesse (Instanzen) gesehen werden und kann im Deutschen mit „Arbeitsablauf" übersetzt werden.

37 International anerkannte Definitionen zum „Workflow" finden sich in der Workflow Management Coalition. Nach zweijähriger Unterbrechung ist die Webseite (wfmc.org) wieder neu aufgesetzt worden. Siehe auch de.wikipedia.org/wiki/Arbeitsablauf und de.wikipedia.org/wiki/Workflow-Management

(engl. workflow consists of an orchestrated and repeatable pattern of activity, enabled by the systematic organization of resources into processes that transform materials, provide services, or process information)[38]

Eine darstellende Repräsentation kann mithilfe von Business Process Model and Notation (BPMN) geschehen. Workflow-Problemstellungen können mit graphbasierten Formalismen dargestellt und erfasst werden.

Ein Workflow Management System (WfMS) ist ein informationstechnisches System zur Handhabung und Steuerung der Beteiligten, Prozesse und Aufgaben des Workflows.

Für Workflows werden in DIN EN ISO 19650 in der grafischen Spezifikationssprache „Business Process Model and Notation (BPMN)[39] dargestellt. DIN EN ISO 19650, Teil 2 und 3. visualisiert damit ihre Prozesse.

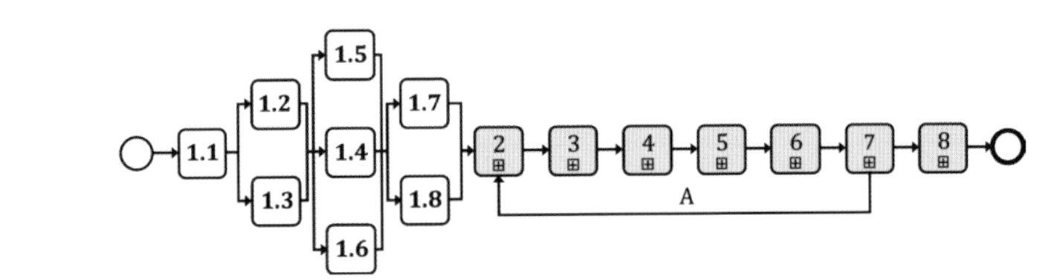

Legende

1.1 Benennung von Personen, die die Informationsmanagementfunktion übernehmen
1.2 Festlegung der Anforderungen an die Projektinformationen
1.3 Festlegung der Meilensteine der Projekt-Informationsbereitstellung
1.4 Festlegung des Projektinformationsstandards
1.5 Festlegung der projektbezogenen Informationserzeugungsmethoden und -verfahren
1.6 Festlegung der Referenzinformationen zum Projekt und den gemeinsam genutzten Ressourcen
1.7 Festlegung der gemeinsamen Datenumgebung für das Projekt
1.8 Festlegung des projektbezogenen Informationsprotokolls
A Informationsmodell, das von dem/den nachgeordneten Bereitstellungsteam(s) bei jeder Informationsbestellung weitergeführt wird.

Quelle: DIN EN ISO 19650-2:2019-08

Bild 36: Informationsmanagementprozesse der Bedarfsbewertung nach DIN EN ISO 19650, Teil 2, Kapitel 5.1 – in Abschnitt 5.1.7 wird der Bedarf für die Projekt-CDE festgelegt.

38 Siehe wfmc.org

39 Die BPMN-Spezifikation ist wie einige andere wichtige Sprachstandards (z. B. UML) proprietär und wird durch die Object Management Group (OMG – www.omg.org) gepflegt. Einzelne Standards der OMG werden in das ISO-Portfolio übernommen. BPMN wird als ISO 19510 geführt."

Die CDE soll den Workflow und alle darin enthaltenen Prozesse während der Projekt- und Asset-Managementphase unterstützen. Am Übergang von Projektphase zum Asset-Management sollen die entsprechenden Informationscontainer vom Projekt-Informationsmodell in das Asset-Informationsmodell übertragen werden. Archivierungen (siehe unten) sollten unveränderbar (engl. *read-only*) sein und dem Erfahrungsaustausch (*engl. lessons learned*) dienen. Zeitliche Festlegungen (*engl. time scale*) zur Archivierung erfolgen in den Austausch-Informationsanforderungen (EIR).

12 Gemeinsame Datenumgebung – Lösungen und Arbeitsablauf

12.1 Grundsätze

Eine gemeinsame Datenumgebungs-(CDE)-Lösung und ihr Workflow sollten für das Management von Informationen während des Asset-Managements und der Projektdurchführung verwendet werden. Während der Bereitstellungsphase unterstützen die gemeinsame Datenumgebungs-(CDE)-Lösung und ihr Workflow die Informationsmanagementprozesse in ISO 19650-2, 5.6 und 5.7.

Am Ende eines Projekts sollten die für das Asset-Management erforderlichen Informationscontainer aus dem Projekt-Informationsmodell in das Asset-Informationsmodell verschoben werden. Verbleibende Projekt-Informationscontainer, einschließlich derjenigen im Archivierungsstatus, sollten im Zweifel schreibgeschützt aufbewahrt werden, um das Anwenden gewonnener Erkenntnisse zu erleichtern. Der Zeitrahmen für die Aufbewahrung von Projekt-Informationsbehältern [FEHLER – muss „container" heißen, d. A.] sollte in den Austausch-Informationsanforderungen festgelegt werden.

Grundlegendes Element in einer CDE ist das Konzept des Informationscontainers *(engl. information container)* – im Unterschied zum weniger allgemeinen Konzept eines Dokuments oder einer Datei. Eine anfängliche Definition zum Informationscontainer findet sich bereits weiter oben in 5.1.3 „Zusammenarbeit durch Informationscontainer" (Teil 1, Kapitel 9). Die prozessuale Handhabung der Informationscontainer wird hier im Kapitel zur CDE beschrieben (Teil 1, Kapitel 12). Insbesondere wird hierzu der „Status" (*engl. state*) eines Informationscontainers eingeführt. Die Bearbeitung eines Informationscontainers (*engl. revision*) kann sich in einem von drei Status oder zwei Statusübergängen befinden. Zusätzlich protokolliert das Archiv (einer CDE) jeden aktuellen Status und Statusübergang. Status und Statusübergänge illustrieren nicht die Komplexität eines Workflows, sondern sind nur ein nach DIN EN ISO 19650 normativ vorgegebenes Konzept, dass eine CDE unterstützen muss.

12.1 Grundsätze

[...] Die aktuelle Version jedes Informationscontainers innerhalb der gemeinsamen Datenumgebung sollte sich in einem der folgenden drei Status befinden:

- in Bearbeitung (siehe 12.2);
- geteilt (siehe 12.4); oder
- veröffentlicht (siehe 12.6).

Aktuelle Informationscontainer können je nach Entwicklungsstand über alle drei Status vorhanden sein.

Es sollte auch ein Archivstatus (siehe 12.7) vorhanden sein, der in seiner Ausprägung ein Journal über alle Transaktionen von Informationscontainern und ein Audit-Trail über deren Entwicklung bereitstellt.

Diese Zustände sind im konzeptionellen Diagramm in Bild 10 dargestellt. Bild 10 veranschaulicht bewusst nicht die Komplexität des Gemeinsame-Datenumgebung-(CDE)-Workflows mit mehrere Iterationen der Entwicklung von Informationscontainern, mehrere Bewertungen, Genehmigungen und Autorisierungen sowie mehrere Journaleinträge in die Archivaufzeichnungsinformationscontainer in einem der anderen Status vorsieht [Übersetzungsfehler: Es muss richtig heißen: „in das Archiv, welches die Informationscontainer in jedem der anderen Status aufzeichnet“, d. A.].

Der Übergang von einem Status in einen anderen sollte Freigabeverfahren unterworfen werden (siehe 12.3 und 12.5).

Jeder Informationscontainer, der über die gemeinsame Datenumgebung verwaltet wird, sollte Metadaten enthalten, die Folgendes umfassen:

1. einen Revisionscode nach einer vereinbarten Norm, beispielsweise IEC 82045-1; und
2. einen Statuscode, der die zulässige(n) Verwendung(en) von Informationen angibt.

Metadaten werden zunächst von ihrem Autor angegeben und dann durch die Freigabeprozesse ergänzt. Die Verwendung eines Informationscontainers für andere Zwecke als die durch seinen Statuscode angegebene Verwendung erfolgt auf eigenes Risiko des Nutzers.

Die Lösung für die gemeinsame Datenumgebung kann sowohl eine Datenbankmanagementfunktion zum Verwalten von Informationscontainer-Attributen und -Metadaten als auch eine Übertragungsfunktion zum Ausstellen von Update-Benachrichtigungen an Teammitglieder und zum Aufrechterhalten des Audit-Trails für die Informationsverarbeitung beinhalten.

Das gesamte Informationsmodell wird möglicherweise nicht an einem Ort aufbewahrt, insbesondere nicht bei großen oder komplexen Assets oder Projekten oder weit verstreuten Teams. Kollaboratives Arbeiten auf Basis von Informationscontainern ermöglicht die Verteilung des Gemeinsame-Datenumgebung-(CDE)-Workflows über verschiedene Computersysteme oder Technologieplattformen hinweg.

Zu den Vorteilen der Einführung einer derartigen gemeinsamen Datenumgebungs-(CDE)-Lösung und eines solchen Arbeitsablaufs gehören unter anderem:

- Die Verantwortung für die Informationen innerhalb jedes Informationscontainers liegt bei der Organisationseinheit, die sie produziert hat, und obwohl sie gemeinsam genutzt und verwendet wird, ist es nur dieser Organisationseinheit gestattet, den Inhalt zu ändern;
- gemeinsam nutzbare Informationscontainer reduzieren den Zeit- und Kostenaufwand für die Erstellung von koordinierten Informationen; und

– ein vollständiger Audit-Trail der Informationserzeugung steht für die Verwendung während und nach jeder Projektdurchführung und Asset-Managementtätigkeit zur Verfügung.

4.5.6 Status und Statusübergänge von Informationscontainern

DIN EN ISO 19650 gibt Status und Statusübergänge von Infomationscontainern normativ vor. Sie detailliert damit eine technische Grundfunktion für eine CDE. Weitere Anforderungen nach DIN EN ISO 19650, Kapitel 12.1, an die Metadaten eines Informationscontainers sind ...

- der Statuscode des Informationscontainers bezüglich der Eignung des Inhalts und dessen Nutzung (siehe auch Kapitel 3.3.13 in der Norm). Die Statuscodes sind im Informationsprotokoll zu vereinbaren.
- der Revisionscode des Informationscontainers (ggf. gemäß DIN EN 82045-1).

Es gibt drei aktive Status (in Bearbeitung, geteilt und veröffentlicht). Zusätzlich gibt es den Archivstatus und die Übergänge zwischen allen Status.

12.2 Der Status „in Bearbeitung"

Der Status „in Bearbeitung" wird für Informationen gebraucht, während diese von ihrem Aufgabenteam entwickelt werden. Ein in diesem Status befindlicher Informationscontainer sollte für kein anderes Aufgabenteam sichtbar oder zugreifbar sein. Dies ist besonders dann wichtig, wenn die gemeinsame Datenumgebungs-(CDE)-Lösung über ein gemeinsam genutztes System, z. B. einen gemeinsam genutzten Server oder ein Web-Portal, implementiert wird.

12.3 Der Status-Übergang „Prüfen/Bewerten/Freigeben"

Der Status-Übergang „Prüfen/Bewerten/Freigeben" vergleicht den Informationscontainer mit dem Informationsbereitstellungsplan und mit den vereinbarten Standards, Methoden und Verfahren zur Informationsproduktion. Das Prüfen, Bewerten und Freigeben sollte von dem ursprünglichen Aufgabenteam durchgeführt werden.

12.4 Der Status „geteilt"

Der Zweck des Status „geteilt" ist es, eine konstruktive, kollaborative Entwicklung des Informationsmodells innerhalb eines Bereitstellungsteams zu ermöglichen.

Informationscontainer im Status „geteilt" sollten – vorbehaltlich etwaiger sicherheitsrelevanter Einschränkungen – von allen relevanten Informationsbereitstellern (einschließlich derjenigen in anderen Bereitstellungsteams) zum Abgleich mit ihren eigenen Informationen überprüft werden. Diese Informationscontainer sollten sichtbar und zugänglich, aber nicht bearbeitbar sein. Wenn eine Bearbeitung erforderlich ist, sollte ein Informationscontainer in den Status „in Bearbeitung" zurückgesetzt werden, damit er von einem Autor geändert und erneut eingereicht werden kann.

Der Status „geteilt“ wird auch für Informationscontainer verwendet, die für die gemeinsame Nutzung mit dem Informationsbesteller freigegeben sind und bereit für die Autorisierung sind. Diese Verwendung des Status „geteilt“ kann auch als Auftraggeber-Freigabestatus bezeichnet werden.

12.5 Der Status-Übergang „Überprüfung/Autorisierung“

Der Status-Übergang „Überprüfung/Autorisierung“ vergleicht alle Informationscontainer beim Informationsaustausch mit den relevanten Informationsanforderungen an Koordination, Vollständigkeit und Genauigkeit. Wenn ein Informationscontainer den Informationsanforderungen entspricht, wird sein Status auf „veröffentlicht“ geändert. Informationscontainer, die nicht den Informationsanforderungen entsprechen, sollten zur Änderung und Wiedervorlage an den Status „in Bearbeitung“ zurückgeschickt werden.

Die Autorisierung trennt Informationen (im Status „veröffentlicht“), auf die man sich für die nächste Phase der Projektabwicklung, einschließlich detaillierterer Planung oder der Ausführung, oder für das Asset-Management verlassen darf, von Informationen, die möglicherweise noch geändert werden können (im Status „in Bearbeitung“ oder im Status „geteilt“).

12.6 Der Status „veröffentlicht“

Der Status „veröffentlicht“ wird für Informationen verwendet, die zur Verwendung freigegeben wurden, z. B. beim Bau eines neuen Projekts oder beim Betrieb eines Assets.

Das Projekt-Informationsmodell am Ende eines Projekts oder das Asset-Informationsmodell während des Betriebs enthält nur Informationen im Status „veröffentlicht“ oder im Archivstatus.

12.7 Der Status „archiviert“

Der Status „archiviert“ dient zur Bewahrung eines Journals aller während des Informationsmanagementprozesses freigegebenen und veröffentlichten Informationscontainer sowie eines Audit-Trails über deren Entwicklung. Ein Informationscontainer, der im Archivstatus referenziert wird, der sich zuvor im Status „veröffentlicht“ befand, enthält Informationen, die zuvor für detaillierte Konstruktionsarbeiten, für den Bau oder für die Anlagenverwaltung verwendet worden sein könnten.

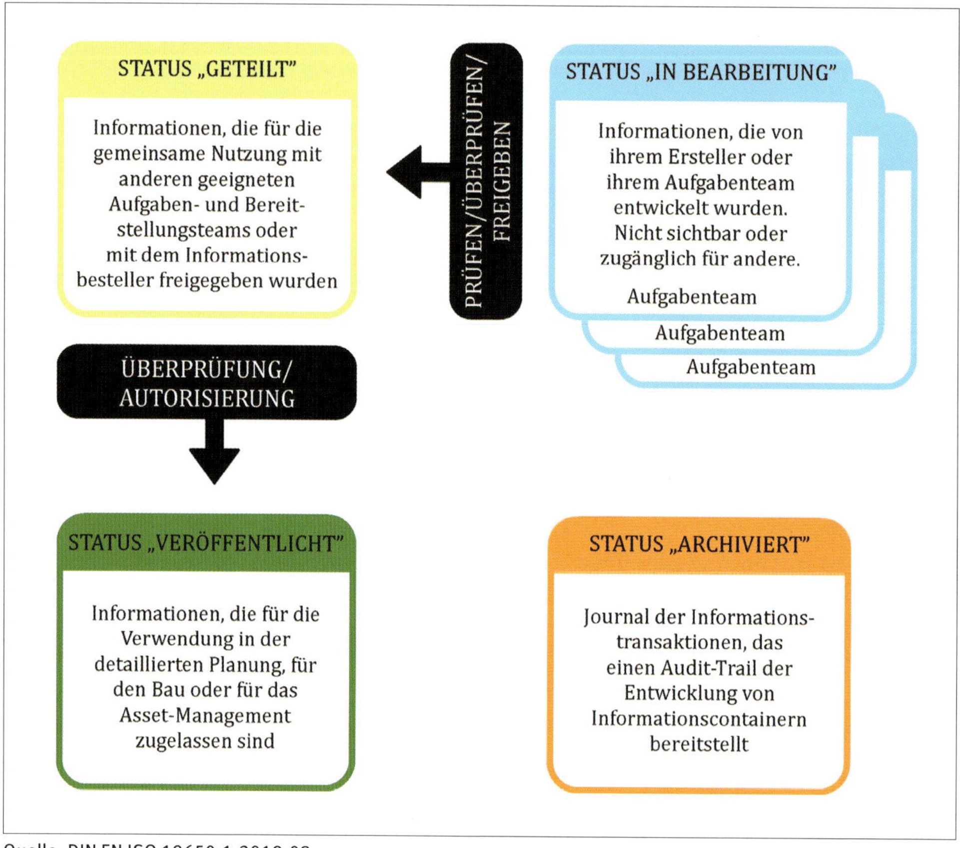

Quelle: DIN EN ISO 19650-1:2019-08

Bild 37: Die verschiedenen Status (engl. states) und Übergänge eines Informationscontainers im CDE als Bild 10 von DIN EN ISO 19650-1

Die Anforderungen der DIN EN ISO 19650 an das Konzept des Status eines Informationscontainers sind interpretierbar. Es lassen sich drei Bereiche erkennen:

- in Bearbeitung *(engl. work in progress)*

  Dieser Bereich ist intern und sollte nicht einsehbar für andere als den/die Bearbeitenden sein. Die CDE kann dafür benutzt werden

- geteilt *(engl. shared)*

  In diesem Bereich geschieht die Zusammenarbeit. Informationscontainer werden geteilt. Die CDE muss dafür genutzt werden.

- veröffentlicht *(engl. published)*

  Informationscontainer in diesem Bereich sind freigegeben zur Weiterverwendung – auch an Dritte außerhalb des Projekts.

  Auch hierfür wird die CDE benutzt – selbst wenn die Adressaten nicht direkt Beteiligte des Projekts sind.

Aufgabe 9

Übung: Common Data Environment (CDE) solution and workflow

Anforderungen an eine Gemeinsame Datenumgebung:

Greifen Sie auf Erkenntnisse aus den vorherigen Übungen wie „Informationsbereitstellung" zurück.

- Welche Probleme sind aufgetaucht?
- Beschreiben Sie technische Unzulänglichkeiten und formulieren Sie Anforderungen.
- Erstellen Sie ein Anforderungsprofil für ein CDE mit Hinblick auf ...
  - Technik,
  - Zugänglichkeit,
  - Benutzeroberfläche.

4.6 Zusammenfassung von „BIM nach ISO 19650" (Teil 1, Kapitel 13)

Kapitel 13 „Zusammenfassung nach BIM nach DIN EN ISO 19650" der Norm besteht im Wesentlichen aus einer zusammenfassenden grafischen Darstellung – dem sogenannten „racetrack" – und der Erläuterung seiner Komponenten:

- die innere Gemeinsame Datenumgebung (CDE), in der die Informationsmenge (grün) über die Zeitachse (unterteilt in einzelne Stadien) stetig anwächst.
- äußere umlaufenden Prozesse, zusammengefasst und mit Bezug zu den einzelnen Funktionen und Aufgaben des Informationsmanagements nach DIN EN ISO 19650.
- unterhalb dargestellt einzelne Informationsaustauschvorgänge, teilweise mit mehreren Beteiligten (*engl. parties*).

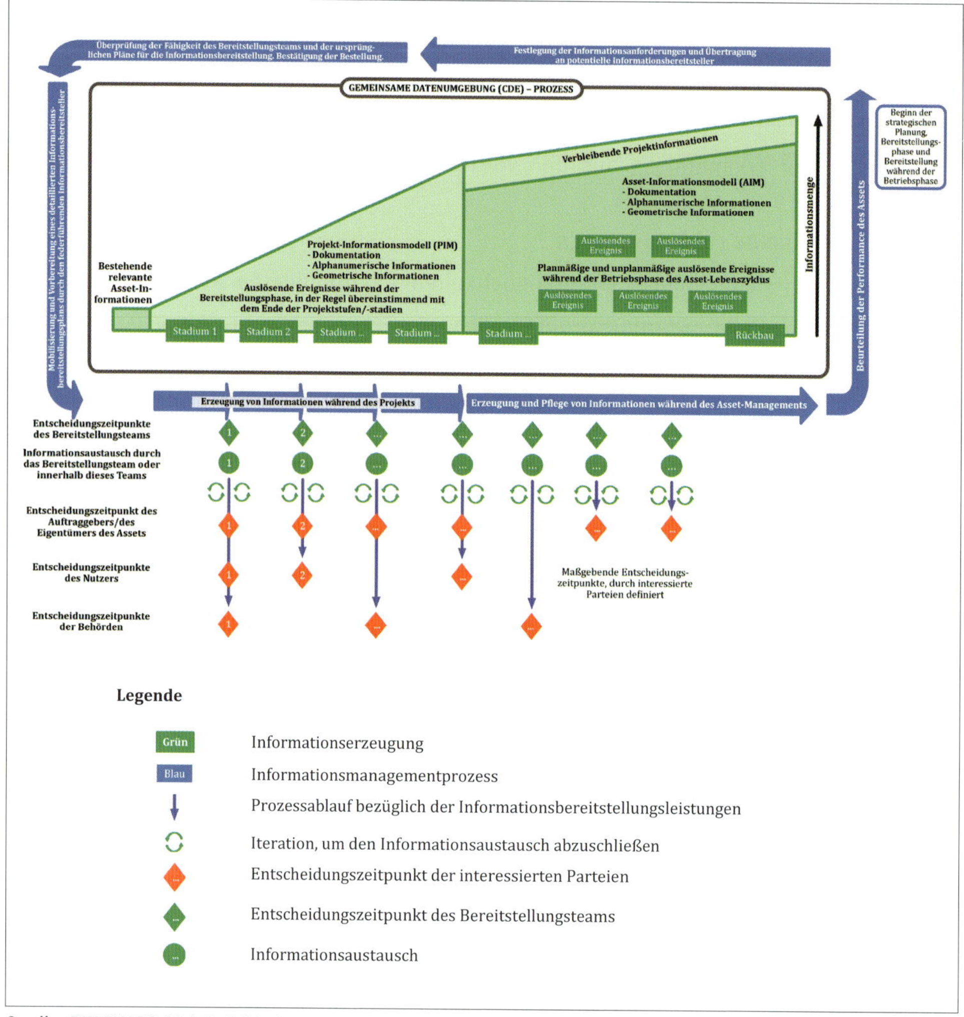

Quelle: DIN EN ISO 19650-1:2019-08

Bild 38: Die „racetrack“ genannte Grafik und ihre Symbolik als Zusammenfassung aller Informationsmanagementprozesse als Bild 11 von DIN EN ISO 19650

5 Weitere Normierung

DIN EN ISO 19650 spannt ein neues Universum zum Informationsmanagement auf ...

- durch Einführung und Benutzung neuer Begriffe und Konzepte und
- durch Verwendung von Begriffen von Konzepten, die schon an anderen Stellen und in anderen Normen eingeführt und benutzt werden.

Dadurch ergibt sich ein Netzwerk aus Normen und Spezifikationen, in dem das Informationsmanagement von DIN EN ISO einen zentralen Knotenpunkt darstellt.

Die nachfolgende Grafik verdeutlicht dies. Es ist eine Visualisierung der bereits im Kapitel 2 der Norm aufgeführten normativen Verweise – erweitert um weitere Normen und Spezifikationen im Universum des Informationsmanagements. Die Beziehungen zu anderen Normen und Spezifikationen sind durch punktierte Linien dargestellt und diese der besseren Übersicht wegen am rechten Rand untereinander aufgeführt.

Die DIN EN ISO 19650 eingeführten und benutzten Begriffe und Konzepte sind durch Regeln, Anforderungen und Bedingungen miteinander verknüpft. Die nachfolgende Grafik veranschaulicht die Semantik dieser Elemente in einer stringenten Weise unter Verwendung einer kombinierten Schemanotation. Die in dieser Grafik verwendeten semantischen Schemata kombinieren ...

- ein Klassendiagramm nach UML zur Visualisierung der Entitätsbeziehungen (gestrichelte Linien) und
- einen Tripel-Graphen nach dem Konzept des Resource Description Frameworks (RDF)[40] zur Visualisierung der Prozessinterdependenzen (durchgezogene Linien).

40 RDF ist ein Standardmodell des W3C (World Wide Web Consortium) für den Datenaustausch im Web. Siehe hierzu www.w3.org/RDF. Es ist die nächste Entwicklungsstufe nach HTML/XML als Sprachen des Web und benötigt grafische Datenbanken.

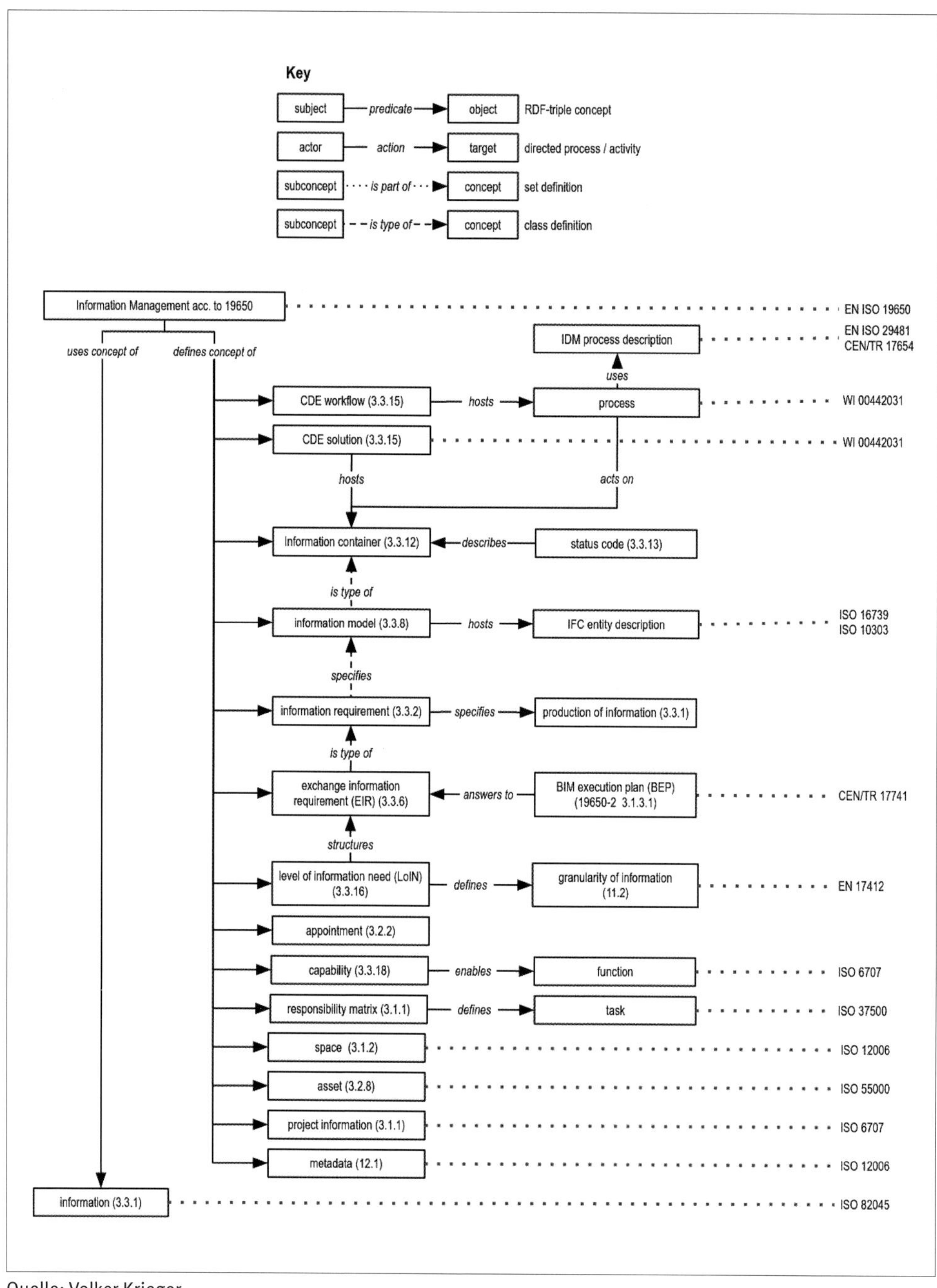

Quelle: Volker Krieger

Bild 39: Grafische Visualisierung der Normenlandschaft der DIN EN ISO 19650 und der damit einhergehenden Verknüpfungen der Begriffe und Konzepte untereinander (CC-BY-NC-SA 3.0).

Nachfolgend wird – wie im Kapitel 4 an verschiedenen Stellen erwähnt – auf die in Zusammenhang mit DIN EN ISO 19650 wichtigsten CEN-Normierungsarbeiten detailliert eingegangen. Diese sind ...

- DIN CEN/TR 17439 „Anleitungen zur Umsetzung von EN ISO 19650-1 und -2 in Europa",
- DIN EN 17412 „Infomationsbedarfstiefe (LoIN)",
- CEN/TR 17654 „Leitfaden zu EIR-BEP",
- die CEN/TR 17741 „Guidance ISO 29481-1 – IDM" und
- die Work Items WI 00442031 und WI 00442032 zur CDE.

5.1 DIN CEN/TR 17439 – Anleitung zur Umsetzung von ISO 19650 für Europa

Schon bald nach – ja, eigentlich schon vor – der Veröffentlichung der ISO 19650, Teil 1 und 2, war ersichtlich, dass diese Normen für den normalen Marktteilnehmer nicht ohne weitere Hilfestellung umsetzbar sind. Schließlich finden sich in diesen Dokumenten – anders als in der ursprünglichen UK PAS 1192 – keinerlei Anwendungs- und Umsetzungshinweise. Es wurde deshalb im Rahmen des CEN TC442 (Home of BIM) beschlossen, eine Umsetzungsrichtlinie zu erarbeiten. Die damaligen Arbeiten waren schwierig, hatte der englische Markt doch zu diesem Zweck bereits das eigene UK-BIM-Framework aufgelegt. Damit diese der geplanten ersten Version der CEN/TR 17349 nicht widerspricht, enthält dieser erste technische Report nur wenig neuen Inhalt. Die Version von 2021 bezieht sich nur auf die ISO 19650, Teile 1 und 2, und ist eher eine Sammlung von Fallstudien denn eine wirkliche Umsetzungshilfe.

In der Erkenntnis, dass dies unzureichend ist, und weil die neuen Regeln des CEN eine jederzeitige und auch frühzeitige Überarbeitung eines Dokuments erlauben, wird inzwischen eine substanziell deutlich bessere Neuauflage erarbeitet. Diese Version der TR 17349 berücksichtigt außerdem die Teile 1 bis 5 der ISO 19650. Es ist beabsichtigt, die Arbeiten in der CEN-Arbeitsgruppe hierzu noch im Jahr 2023 abzuschließen. Mit der verbesserten deutschsprachigen Version ist also 2024/25 zu rechnen.

5.2 DIN EN 17412 – Informationsbedarfstiefe

Im Kapitel 11.2 der DIN EN ISO 19650-1 wird das Konzept der Informationsbedarfstiefe (*engl. level of information need (LoIN)*) eingeführt. Dieser neue Begriff sollte dem zunehmenden Wildwuchs im Markt hinsichtlich der Spezifikationen zu den Konzepten der „Level of Geometry", „Level of Information" etc. ein Ende setzen. Mehr als einhundert verschiedene „Level of"-Spezifikationen waren international bereits nachweisbar und noch mehr mussten befürchtet werden. Bedingt durch die Regeln, denen die ISO 19650 unterliegt, können auf ISO-Ebene nur konzeptionelle Vorgaben normiert werden. Somit wurde auf CEN-Ebene eine Norm zur weiteren Detaillierung erarbeitet. Bedingt durch die Komplexität einer Spezifikation, die eine international anerkannte Metrik zur Informationsgranularität anbietet, entwickelt sich die EN 17412 inzwischen zu einer Normenreihe. Die derzeit schon publizierte DIN EN 17412, Teil 1, ist derzeit auf dem mühsamen Weg, Licht in das Dickicht der „Level of"-Spezifikationen zu bringen.

5.3 CEN/TR 17654 – Leitfaden EIR and BEP

Austauschinformationsanforderungen (EIR) und BIM-Ausführungspläne (BEP) sind die ersten Dokumente, die die Beteiligten eines Bauprojekts benötigen, wenn sie BIM nach den normativen Vorgaben der DIN EN ISO 19650 anwenden möchten. Leider findet sich in DIN EN ISO 19650 dazu keine ausreichende Umsetzungsanleitung. Und auch CEN TR 17439 hat da keine wirkliche Hilfestellung anzubieten. Um auch hier nicht auf das (auf den UK-Markt zugeschnittene) UK-BIM-Framework angewiesen zu sein, hat der CEN TC442 einen Leitfaden als technischen Report erarbeiten lassen. Auch in diesem Fall hat der Markt bereits eine Vielzahl von verschiedenen Konzepten adaptiert – oftmals beruhend auf inzwischen zurückgezogene und damit nicht mehr gültige UK-PAS-1192-Spezifikationen. DIN CEN/TR 17654 wirkt erst langsam marktfördernd. Einigen Marktteilnehmern verdirbt eine normative Vorgabe das Geschäft – vielen Marktteilnehmern erleichtert es das Geschäft, ja, generiert sogar neues ...

5.4 CEN/TR 17741 – Guidance IDM

Die erste BIM-Norm war eine technische Norm. Sie diente dazu, den Wildwuchs und die kostensteigernde Wirkung der unzähligen proprietären Austauschdatenformate zu beenden. Vor fast zwanzig Jahren wurde die IFC-Version 2.3 als ISO 16739:2005 „Industry Foundation Classes (IFC)“ publiziert. Und erst heute setzt sich IFC langsam, aber machtvoll und unabwendbar durch – ein Prozess, durchaus vergleichbar mit der Einführung des Internetprotokolls.

Informationsmanagement kennt Prozesse und auch für ein BIM-Prozessmanagement gibt es erste Normierungen auf ISO-Ebene – insbesondere für Prozesse des Informationsaustauschs. Doch ähnlich wie die ISO 16739 ist auch die ISO 29481 „Information Delivery Manual“ nur schwer zu verstehen und bedarf einer begleitenden Umsetzungshilfe. In einem ersten Schritt hat deshalb CEN TC442 im Jahr 2021 hierzu die englische Version der „Guidance for understanding and utilizing ISO 19481“ publiziert. Eine deutsche Übersetzung liegt zum jetzigen Zeitpunkt noch nicht vor. Zum einen auch deshalb, weil die ISO-29481-Reihe derzeit auf ISO-Ebene überarbeitet wird. Derzeit übersetzt der deutsche Arbeitsausschuss EN ISO 29481, Teil 3 „Datenschema“.

5.5 CEN Work Items WI 00442031/2 zur CDE

Eines der wichtigsten Konzepte im Informationsmanagement nach DIN EN ISO 19650 ist das der gemeinsamen Datenumgebung (CDE) – Lösung und Workflow. Wie hier im Kapitel 4.5.5 und 4.5.6 beschrieben, ist das CDE-Konzept eines der wenigen, das in der ISO 19650 selbst mit mehr Details versehen ist. Aber auch diese Details sind bei Weitem nicht ausreichend, um dem Markt eine substanzielle Hilfestellung bei der Umsetzung zu geben. Eine interne Marktanalyse von BIM Deutschland für das Produkt-Portal BIM Swarm[41] hat ergeben, dass von ca. einhundert angeblichen „CDE-Produkten“ die wenigsten auch wirklich als CDE bezeichnet werden können.

41 https://www.bimswarm.de

Auch hier ist der CEN TC442 mit gleich zwei Arbeitspaketen eingesprungen:

- WI 00442031)[42] Technical report for Guidance for Implementation of Common Data Environment
- WI 00442032)[43] European Normative for Open API for Common Data Environment

Beide Arbeitspakete sind noch im Status der Bearbeitung. Die Anleitung (*engl. Guidance* – WI 00442031) befindet sich derzeit in der Einarbeitung der finalen Kommentare und wird noch dieses Jahr auf CEN-Ebene in Englisch publiziert.

42 Eine CEN/TR-Nummer war zum Zeitpunkt der Drucklegung dieses Dokuments noch nicht bekannt.

43 Dieses Work Item war zum Zeitpunkt der Drucklegung dieses Dokuments noch nicht aktiviert.

6 Zusammenfassung, Analyse und Empfehlungen

DIN EN ISO 19650 definiert neue Begrifflichkeiten und Konzepte, um ein konsequentes Informationsmanagement einzuführen. Der Zusammenhang dieser Konzepte wird in der Norm – wahrscheinlich der Komplexität des Gesamtgebildes geschuldet – leider nur unzureichend dargestellt. Dieser Kommentar versucht, diesem Umstand abzuhelfen, und bietet einen „roten Faden" an. Gleichzeitig werden viele Zusammenhänge aufgezeigt – ohne hoffentlich zu verwirren.

Ein Blick auf das Inhaltsverzeichnis der DIN EN ISO 19650 zeigt, dass die Reihenfolge der Kapitel das Verständnis erschwert. Der „rote Faden" dieses Kommentars bietet eine Struktur, ohne die Reihenfolge zu ändern – so lässt sich das Original leichter verstehen. An verschiedenen Stellen befindliche normative Textpassagen zum gleichen Thema werden in diesem Dokument zusammengefasst dargestellt und behandelt – so lässt sich einige Verwirrung vermeiden.

Dem englischen Originaltext, aber auch der Intention der Verfasser geschuldet, lässt die DIN EN ISO 19650 eine gewisse inhaltliche Präzision vermissen. Auch diesem Umstand wird durch konstruktive Informationen abgeholfen. Der Verfasser dieses Kommentars ist von Beginn an aktives Mitglied der Arbeitsgruppe zur ISO 19650 und Leiter des deutschen Spiegelausschusses. Die hier zur Verfügung gestellten Hintergrundinformationen sollen das Verständnis erleichtern.

6.1 Analyse

DIN EN ISO 19650 ermöglicht ein neues und durchgängig strukturiertes Informationsmanagement – als unbedingte Notwendigkeit zur Verbesserung der Produktivität der Baubranche und des Facility Managements. Einige Begrifflichkeiten und Konzepte von DIN EN ISO 19650 sind bewährten Konzepten aus anderen Bereichen entlehnt und an die Bedürfnisse der Baubranche und des Facility Managements angepasst.

Neu und gewöhnungsbedürftig für uns „Baumenschen" sind die Grundsätze der DIN EN ISO 19650 ...

- des kollaborativen Informationsmanagements,
- der Anwendung aller Konzepte auf den gesamten Lebenszyklus eines Assets und
- die Anforderungen an alle Beteiligten der Wertschöpfungskette.

Aus diesen Grundforderungen lassen sich die neuen Konzepte der DIN EN ISO 19650 ableiten:

- Informationsanforderungen und Informationsmodelle;
- Informationsbereitstellung und Federationsstrategie;
- Informationscontainer und Informationsbedarfstiefe;
- Gemeinsame Datenumgebung (CDE).

Kommt es zur Umsetzung dieser Konzepte, wird der Markt neue Angebote entwickeln – sowohl in der Dienstleistung als auch auf Produktseite. Folglich wird diese Normenreihe und die sie begleitende CEN-Normierung (siehe hier Kapitel 5) noch wichtiger werden.

6.2 Empfehlungen

Zukünftige Entwicklungen werden dominiert durch technischen Fortschritt und organisatorische Implementation. Die derzeitigen Entwicklungen auf dem Gebiet der Informationstechnologie haben zudem organisatorische Auswirkungen – auch im sozialen Umfeld.

Die Umsetzung der Konzepte von DIN EN ISO 19650 ist eine technische und organisatorische Herausforderung. Hinzu kommt, dass BIM nicht erfolgreich umsetzbar ist, wenn nur einzelne Komponenten eingesetzt werden. Wer nur die CAD auf ein BIM-fähiges Produkt umstellt, hat noch lange nicht BIM eingeführt.

Tatsächlich ist BIM nur ganzheitlich umsetzbar. Es sind Pilotversuche in einzelnen Bereichen denkbar. Das Aufstellen eines BIM-Ausführungsplans oder die Einführung einer CDE sind denkbare erste Schritte – aber sie können nur richtig funktionieren, wenn das gesamte Informationsmanagement (nach DIN EN ISO 19650) implementiert wird.

Es ist deshalb empfehlenswert, Mitarbeiter und Prozesse mit Geduld an die neuen Konzepte heranzuführen. Auch wenn die Praxis die Prüfung ist, die Ausbildung und Schule ist vorher zu absolvieren – sonst investiert man viel in Versuch und Irrtum. Und gerade weil dieser Prozess des Paradigmenwechsels so viel Geduld und Zeit erfordert, sollte er so früh wie möglich begonnen werden. BIM ist morgen!

7 Anhänge

7.1 Exemplarische Lösungen zu den Übungen

Die exemplarischen Lösungen zu den Übungen in diesem Dokument ...

- BIM-Erfahrungen,
- OIR,
- OIR → PIR → EIR,
- EIR ↔ BEP,
- Informationsbereitstellung,
- Prüfung der Beteiligten,
- Zusammenarbeit,
- Verantwortlichkeiten und
- CDE

werden zur besseren Nutzung in digitaler Form separat in der Beuth Mediathek (https://www.beuth-mediathek.de) zur Verfügung gestellt.

7.2 Literaturhinweise

UK-BIM-Framework – https://www.ukbimframework.org

Use Cases – https://www.ivarjacobson.com/use-case-resources

IFC-Versionen – https://technical.buildingsmart.org/standards/ifc/ifc-schema-specifications

Notationen (z. B. BPMN, UML) – https://www.omg.org

7.3 Verzeichnisse

7.3.1 Stichwortverzeichnis

7.3.2 Abkürzungsverzeichnis

AIM	Asset-Informationsmodell
AIR	Asset-Informationsanforderungen
CDE	Gemeinsame Datenumgebung
EIR	Austausch-Informationsanforderung
LC	Lebenszyklus
LOIN	Informationsbedarfstiefe
MIDP	Master-Informationsbereitstellungsplan
OIR	Organisatorische Informationsanforderungen
PIM	Projekt-Informationsmodell
PIR	Projekt-Informationsanforderungen
TIDP	Informationsbereitstellungsplan für das Aufgabenteam

7.3.3 Bildquellenverzeichnis